高等学校环境艺术设计专业教学丛书暨高级培训教材

室内色彩环境设计

宋文雯　　陆天启　　宋立民　　编著

清华大学美术学院环境艺术设计系

中国建筑工业出版社

图书在版编目（CIP）数据

室内色彩环境设计 / 宋文雯，陆天启，宋立民编著
. — 北京：中国建筑工业出版社，2021.10
高等学校环境艺术设计专业教学丛书暨高级培训教材
ISBN 978-7-112-26729-3

Ⅰ.①室…　Ⅱ.①宋…②陆…③宋…　Ⅲ.①室内色
彩-室内装饰设计-高等学校-教材　Ⅳ.①TU238

中国版本图书馆 CIP 数据核字（2021）第 211306 号

本书主体由九课构成。本书采用循序渐进、由浅入深的方式对室内
设计中的色彩、材料以及肌理进行探讨。针对每个部分分别设置了基础
篇与提升篇，降低知识的颗粒度、提高内容的丰富度。每个部分均设置
了课程导学，清晰列出学习目标、知识框架图以及学习计划等，帮助学
生更好的学、帮助教师更方便的教。此外，在每部分的结尾处还设置了
课后练习，帮助学生们巩固课堂所学内容，加深学生对知识的理解。

本教材可用作环境设计、工业设计、工艺美术等专业的教材，也可
被列为建筑设计、工程设计、计算机工程等学科的教学参考书。

为了便于本课程教学与学习，作者自制课堂资源，可加《室内色彩
环境设计》交流 QQ 群 614070995 索取。

本书配套视频
资源扫码上面
二维码观看

责任编辑：胡明安
责任校对：张　颖

高等学校环境艺术设计专业教学丛书暨高级培训教材
室内色彩环境设计
宋文雯　陆天启　宋立民　编著
清华大学美术学院环境艺术设计系

*

中国建筑工业出版社出版、发行（北京海淀三里河路9号）
各地新华书店、建筑书店经销
北京鸿文瀚海文化传媒有限公司制版
天津翔远印刷有限公司印刷

*

开本：880毫米×1230毫米　1/16　印张：10　字数：260千字
2021年11月第一版　　2021年11月第一次印刷
定价：**58.00**元（赠教师课件）
ISBN 978-7-112-26729-3
（37982）

编　者　的　话

作为设计学科重点的环境设计专业，源于20世纪50年代中央工艺美术学院室内装饰系。在历史中，它虽数异名称（室内装饰、建筑装饰、建筑美术、室内设计、环境艺术设计等），但初心不改，一直是中国设计界中聚焦空间设计的专业学科。经历几十年发展，环境设计专业的学术建构逐渐积累：1500余所院校开设环境设计专业，每年近3万名本科生或研究生毕业，从事环境设计专业的师生每年在国内外期刊发表相关论文近千篇；环境设计专业共同体（专业从业者）也从初创时期不足千人迅速成长为拥有千万人从业，每年为国家贡献产值近万亿元的庞大群体。

一个专业学科的生存与成长，有两个制约因素：一是在学术体系中独特且不可被替代的知识架构；二是国家对这一专业学科的不断社会需求，两者缺一不可，如同具备独特基因的植物种子，也须在合适的土壤与温度下才能生根发芽。1957年，中央工艺美术学院室内装饰系的成立，是这一专业学科的独特性被国家学术机构承认，并在"十大建筑"建设中辉煌表现的"亮相"时期；在之后的中国改革开放时期，环境设计专业再一次呈现巨大能量，在近40年间，为中国发展建设做出了令世人瞩目的贡献。21世纪伊始，国家发展目标有了调整和转变，环境设计专业也需重新设计方案，以适应新时期国家与社会的新要求。

设计学是介于艺术与科学之间的学科，跨学科或多学科交融交互是设计学核心本质与原始特征。环境设计在设计学科中自诩为学科中的"导演"，所以，其更加依赖跨学科，只是，环境设计专业在设计学科中的"导演"是指在设计学科内的"小跨"（工业设计、染织服装、陶瓷、工艺美术、雕塑、绘画、公共艺术等之间的跨学科）。而从设计学科向建筑学、风景园林学、社会学之外的跨学科可以称之为"大跨"。环境设计专业是学科"小跨"与"大跨"的结合体或"共舞者"。基于设计学科的环境设计专业还有一个基因：跨物理空间和虚拟空间。设计学科的一个共通理念是将虚拟的设计图纸（平面图、立面图、效果图等）转化为物理世界的真实呈现，无论是工业设计、服装设计、平面设计、工艺美术等等大都如此。环境设计专业是聚焦空间设计的专业，是将空间设计的虚拟方案落实为物理空间真实呈现的专业，物理空间设计和虚拟空间设计都是环境设计的专业范围。

2020年，清华大学美术学院（原中央工艺美术学院）环境艺术设计系举行了数次教师专题讨论会，就环境设计专业在新时期的定位、教学、实践以及学术发展进行研讨辩论。今年，借中国建筑工业出版社对"高等学校环境艺术设计专业教学丛书暨高级培训教材"进行全面修订时机，清华大学美术学院环境艺术设计系部分骨干教师将新的教学思路与理念汇编进该套教材中，并新添加了数本新书。我们希望通过此次教材修订，梳理新时期的教育教学思路；探索环境设计专业新理念，希望引起学术界与专业共同体关注并参与讨论，以期为环境设计专业在新世纪的发展凝聚内力、拓展外延，使这一承载时代责任的新兴专业在健康大路上行稳走远。

清华大学美术学院环境艺术设计系

2021年3月17日

目　　录

绪　　论

第一课　学习导入

第二课　色彩C（基础篇）

第三课　色彩C（提升篇）

第四课　材料M（基础篇）

第八课　作为整体的室内CMT（基础篇）

第九课 作为整体的室内 CMT（提升篇）

绪　论

编写背景

得益于现代建筑在类型上和技术上的迅速扩展，建筑的内部设计工作也从 19 世纪后期开始逐步发展成为一个专门化的设计领域：室内设计，逐渐显露出其专业上的独立性。纵观室内设计的发展历史可以清晰地看出：从最初的重视功能性到对空间审美的青睐再到当代对艺术与科学的并重，室内设计走过了一条清晰的发展脉络。因为室内设计的系统性、复杂性以及整体性等客观特性，也因为人们需要通过室内设计解决的问题越来越综合、越来越复杂，因此，在设计方法论上亟需一套紧跟时代发展需要的新范式。本书提出的室内设计 CMT 体系就是针对上述问题给出的一种解决方案。

CMT 是 Color-Material-Texture 的缩写，即色彩、材质与肌理。这一新理念是基于产品设计中的 CMF 理念提出的，即 Color-Material-Finishing，也就是颜色、材料、与表面处理。CMF 是在产品形态不改变的基础上，为功能性以及视觉上追求更多可能性，在工业产品及消费电子类产品中应用尤其广泛。在这一理念的基础上本书提出室内设计 CMT 体系，即以色彩为主体，通过室内材料与肌理的配合营造和谐优美的室内环境氛围。在具体实现方式上通过对多种室内空间配色理论与方法的运用，结合材料的特性并兼顾材料肌理的精神性与功能性从而营造出与空间定位契合度最高的室内色彩环境氛围。在这一过程中，色彩（Colour）、材质（Material）、肌理（Texture）三者互为补充、彼此联动、相互交织，在设计师的统筹安排下"通力协作"达成特定的空间目标，

成为室内设计新的设计与思考范式。

教材特色

本教材的特色主要反映在以下三方面：

（1）将室内设计中的色彩、材质、肌理三个方面综合分析、统筹研究，形成室内设计 CMT（色彩 Colour、材质 Material、肌理 Texture）这一新教学理念。基于室内设计 CMT 的研究，是当代国内外室内设计研究的前沿领域。对 CMT 的研究，是建立室内设计领域中跨学科、多专业的人才培养模式深化的重要步骤。本教材将对色彩艺术、色彩心理、生理、色彩和谐与色彩情感进行系统梳理，并对材料科学、材料技术以及材料与使用体验间的关系进行分析探究，同时，将对不同材质肌理与色彩心理及感官交互的交叉学科建立基础教学模式。

（2）本教材以文字与数字相结合，在系统性文字基础上，增加数字课件与重点讲解的视频文件。内容上坚持基础性与前沿性并重。除了在保留基本传统知识信息外，还补充了关于室内设计和色彩科学的最新趋势和理念；与生态科技、公共健康、建筑空间等方面的融合；以及在设计的方法、表达等方面的最新内容，并以国内外最新的设计实例作为论据，增加了可读性和实用性。

（3）读者主体对象从学生、设计师转向"教师＋学生＋设计师"。本教材编写组教师多年教学经验和成果的积累，充分了解教师和学生两方面的需求；因此本书的读者和服务对象同时包括学生和教师。为教师制定教学计划、安排教学内容和课时、设定教学目标及评价标准等，都提出

了具体的建议。通过实际的课堂教学成果，来启发读者对色彩设计的理解和掌握。同时，根据本科生知识积累和认知规律的现实情况，增强了本教材的"实用性"和"适用性"特点。

教材构成

基于教学大纲和专业的调整，自2000年起，清华大学美术学院（原中央工艺美术学院）环境艺术系《环境物理》课程中的色彩科学部分，以及清华大学美术学院近5年培训课程《室内设计色彩》《产品设计CMF》由宋立民与宋文雯承担了主要教学工作。本教材正是基于多年教学实践基础上的理论与实践凝练，将对后续教学研究工作以及在这一领域与国际相关研究接轨起到重要作用。

本书主体由9个部分构成，采用循序渐进、由浅入深的方式对室内设计中的色彩、材料以及肌理进行探讨。针对每个部分分别设置了基础篇与提升篇，降低知识的颗粒度、提高内容的丰富度。每个部分均设置了课程导学，清晰的列出学习目标、知识框架图以及学习计划等，帮助学生更好的学、帮助教师更方便的教。此外，在每部分的结尾处还设置了课后练习，帮助学生们巩固课堂所学内容，加深学生对知识的理解。

编写意义

随着社会经济的发展与人民生活水平的提高，人们对室内空间的诉求早已经超越基本的遮风挡雨，开始对室内空间环境品质提出更高要求。这一深刻转变对室内设计在精细化、靶向化、在地化、健康性以及低碳甚至零碳方面均提出了新的、更高的要求。过去侧重艺术表达的传统室内设计方法在这一背景下显现出诸多应对不足的问题。

以CMT为切口开展针对色彩、材料与肌理的整体性、系统性探讨对新形势下室内设计的研究与教学都有着重要的意义，其中"室内色彩环境"在CMT的设计体系中更是扮演着总领性的角色。

本教材编者认为"色彩介入"是实现室内空间干预的一种高效路径，但空间的色彩价值此前尚未得到充分重视，其在展现空间文化性、激发空间创新性、提升空间健康性以及实现室内空间全生命周期内的碳中和等维度上的作用亟待进一步挖掘。此外，色彩与空间的关系也应从传统的从属、配合与烘托走向新时期的激发、再造与引领。室内空间的色彩介入更应由传统主要依托艺术色彩转向艺术色彩与科学色彩的双支撑，进一步促进空间的色彩介入在与"材料"和"肌理"的配合中实现从感性创作到艺术与科学高度融合的转变。

本教材希望在上述诸多方面进行一次有益的探讨。

编写队伍

宋文雯，研究生毕业于英国利兹大学色彩科学专业，目前在清华大学艺术与科学中心色彩研究所任常务副所长，曾参与"波音飞机客舱色彩与光环境研究""华为手机摄影色彩成像研究"等国际重点项目研究，著有英文专著《Colour Design of Company Logos，Lambert Acadmic Publishing》、研究论文《全产业链中的色彩科学理论与色彩设计应用》（《装饰》2020年5期）、《用颜色将艺术与科学链接起来》（《设计》2012年第11期）《从设计到实现—颜色科学在工业设计与产业链上的应用》（《设计》2013年第07期）等。

陆天启，现于清华大学美术学院环境设计系攻读博士学位，导师为宋立民教授。曾发表Reform of Intelligent Classroom based on "Embodied Cognition" Model（International Journal of Intelligent Information and Management Science2019年6期）、《城市色彩的负熵—以安徽省当涂县城市色彩规划为例》

（《风景名胜》2019 年 9 期）、《建成环境中人与环境关系的优化》（《建筑与文化》2018 年 5 期）等多篇学术论文，并作为项目负责人组织开展了《安徽省当涂县城市色彩规划》《四川省资阳市建筑色彩规划》以及多项图书馆与教学楼改造设计项目。

宋立民，现任清华大学美术学院长聘教授、环境设计系主任、博士生导师。曾出版专著《春秋战国时期室内形态研究》（中国建筑工业出版社，2012 年 2 月），参与编写《室内设计资料集》《视觉尺度景观设计》等重要教材，并主持完成北京市哲学社会科学项目《北京市延庆区景观评价》以及清华大学自主科研项目《中国特色景观评价研究》等科研项目，并长期担任清华大学美术学院《室内色彩设计》《生活方式与设计》《环境物理》《景观设计》以及《环境设计概论》等本科与研究生课程的主讲教师，对本书涉及的内容有较深入的研究。

使用建议

本教材可用作环境设计、工业设计、工艺美术等专业的教材，也可被列为建筑设计、工程设计、计算机工程等学科的教学参考书。

建议教学组织方案如下：

方案一：适用于全日制学习者，每周学习 3～4 学时，两周学习一课，一学期 14～16 周完成全部课程学习。

方案二：适用于成人业余学习者，每周学习 3～4 学时，每学期 8 周学时，两个学期学完全部课程。第一学期学习前四课，两周学习一课；第二学期学习后三课，第三课、第六课与第七课对学习者有一定难度，可考虑适当增加学习时间，教师可以用一两周时间组织学习者参加实践活动，如参观学习优秀设计案例等，将书中内容与实际案例相结合，加强学生的学习感受。

第一课　学习导入

1.1　本课导学

1.1.1　学习目标

（1）了解早期人类对色彩的理解与运用；

（2）了解语言、文化对人类认识色彩的重要影响；

（3）熟悉古代中国色彩体系背后的文化内涵；

（4）了解色彩介入室内空间环境设计的途径。

1.1.2　知识框架图

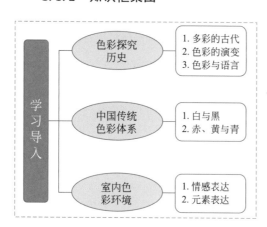

学习导入
- 色彩探究历史
  1. 多彩的古代
  2. 色彩的演变
  3. 色彩与语言
- 中国传统色彩体系
  1. 白与黑
  2. 赤、黄与青
- 室内色彩环境
  1. 情感表达
  2. 元素表达

1.1.3　学习计划表

序号	内容	线下学时	网络课程学时
1	色彩探究历史		
2	中国传统色彩体系		
3	室内色彩环境		

1.2　色彩探究历史

1.2.1　多彩的古代

提及古希腊和古罗马的雕塑，经典的象牙白色已经成了它们的标志。然而，在显微镜下观察，在雅典卫城的建筑物和雕像上发现的颜料残留物证明，希腊人在寺庙的地板上用红色灰泥上色，其建筑也曾经是彩色的。希腊人以生动的色彩描绘了他们的神，安置它们的神庙也像是庞大的舞台布景一样，是五彩斑斓的。因为染料和颜料已经随着时间的推移而褪色，所以今天我们看到的这些两三千年前的雕像和建筑物都是白色的（图1-1、图1-2）。

图1-1　奥古斯都（公元前61年~公元14年）罗马第一位皇帝，Prima Porta的大理石雕像（1世纪）

图1-2　曾经彩色的古罗马雕像

在很少能被光线照射到的史前洞穴中也发现了人类使用颜色最早的一些证据。1994年，在法国东南部发现了Chauvet洞穴（图1-3）。洞穴中包含了400多只史前时期的精美或雕刻绘制的动物岩画。这些壁画如此令人惊叹，以至于人们至今仍然怀疑它们的历史性，它们的艺术品质突出地体现在色彩、绘画和雕刻技巧的结合以及解剖学表现的精确性以及给人留下的强烈的体积感和运动感。碳十二测定的年代表明，这些是人类已知的最古老的洞穴壁画，可以追溯到大约 35000 年前。

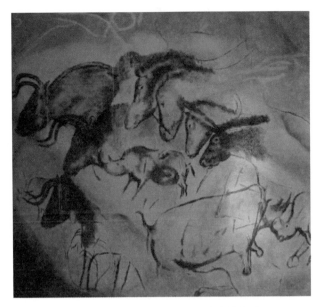

图 1-3　法国东南部 Chauvet 洞穴中的岩画

2012 年，科学家在西班牙太阳海岸的一个山洞中发现了世界上最古老的六幅尼安德特人艺术壁画，至今至少有四万二千年的历史。这些奇怪的红色图形看起来类似于 DNA 的双螺旋结构，实际上描绘的是当地人可能会吃掉的海豹（图 1-4）。现在，一些研究人员认为尼安德特人在象征、想象力和创造力方面与现代人具有同样的能力。然而，洞穴壁画并不是我们祖先使用颜色的最早证据。2000 年来自英国布里斯托大学的一个研究小组在赞比亚卢萨克附近的一个洞穴中发现了染料和颜料的碎片，这些碎片至少有 35 万年的历史。

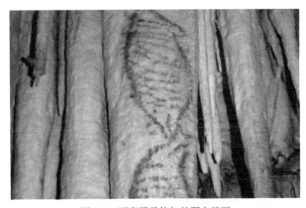

图 1-4　西班牙马拉加的洞穴壁画
可能是迄今发现的最古老的壁画，也是最早由尼安德特人创作的壁画。

颜色是如此早地出现在了人类的生活中，它们不仅是传递信息的工具，也是表达情感的方式。以色列语言学家盖伊·多伊奇（Guy Deutscher）在他的《透过语言玻璃：为什么在不同语言下世界看起来不同》一书中提出，我们感知和命名颜色的方式奠定了语言的基础。这本书被翻译成 8 种语言，并被《纽约时报》《经济学人》和《金融时报》评为"2010 年最佳书籍"之一，这让更多的人了解到颜色和文化的故事。在盖伊·多伊奇的女儿出生后，他就像大多数父母一样教孩子认识物品的颜色，但唯独没有教她天空的颜色。有一次父女俩散步时候，他指着天空问女儿，这是什么颜色的，小女孩困惑地说"它可能没有颜色"，再过了一段时间，当被问及同样的问题时，女儿回答说：白色。直到很久之后，女儿回答了我们大多数人认为显而易见的答案：蓝色。这个有趣的故事完美地印证了多伊奇的论点，也就是对颜色的感知影响了我们的语言。

1.2.2　色彩的演变

色彩的演变是漫长而有趣的，以我们日常生活中十分常见的"蓝色"为例，我们身边任何一个小孩子都会在某个时刻不经意间诗意满满地对着家长道出：蓝蓝的天空白云飘，蓝蓝的大海好平静。小学生学会说出：湛蓝的天空，碧蓝的大海。但奇怪的是，古代人似乎没有蓝色这个词语。

在对于"蓝色"的早期研究中，威廉·尤尔特·格莱斯顿（William Gladstone），一位后来成为英国首相的学者发现在《伊利亚特》与《奥德赛》这些古希腊书籍中把海洋的颜色描述为"酒黑色"和其他奇怪的颜色。格莱斯顿计算了古希腊书籍中出现的颜色，黑色被提及近 200 次，白色被提及约 100 次，但其他颜色很少被提及。红色不超过 15 次，黄色和绿色不超过 10 次。格莱斯顿开始研究其他古希腊文献，注意到同样的现象：没有任何东西被描述为"蓝色"，或者说这个词在当时根本就不存在。意味着希腊人可能生活在一个浑浊的世界里，缺乏色彩，大多是黑色、白色和金属色，偶尔有红色或黄色的出现。

后来，语言学家拉扎勒斯·盖格（Lazarus Geiger），同样对"蓝色"进行研究，他发现在现代欧洲语言中，表示"蓝色"的词是由表示"黑色"或"绿色"的古代词派生而来的。黑色和红色在印度古书中占主导地位。后来添加了黄色、绿色、紫色和蓝色。他还提出在古冰岛语、印度教、汉语、阿拉伯语和希伯来语的文本中，并没有"蓝色"这个词的出现。《圣经》中提到的颜色"tehelet"曾被误认为是蓝色，但其实指的是提取自以色列和黎巴嫩海滩海贝壳的紫色。

在关于迦南的海神 Yam 和大地之神 Baal 之间无数的争斗故事中，有很多关于海洋的描写，但是没有描述它的颜色。语言学家拉扎勒斯·盖格（Lazarus Geiger）指出追溯到大约 4000 年前的古代印度史诗，比如《摩诃婆罗多》（Mahabharata），以多种方式描述了海洋，但从未提及蓝色。

拉扎勒斯·盖格研究了"蓝色"是什么时候开始出现在语言中的，并发现了一个在世界各地都存在的奇特模式：每一种语言首先都有一个词来表示黑色和白色，或者黑暗和光明。接下来出现的关于颜色的词是红色，它是血和酒的颜色。红色之后是黄色，再往后是绿色（在一些语言中，黄色和绿色出现的顺序会有不同）。语言中最后出现的颜色一般是蓝色（图 1-5）。

格拉斯顿认为古人与现在的我们看颜色的方法不同，他认为今天人类之所以能够感知更多颜色是因为眼睛结构的快速进化。现在我们知道这是不对的，毕竟身体器官演化的速度是极其缓慢的。但他发表这个观点时，进化论才刚提出。拉扎勒斯·盖格发现，在现代欧洲语言中，表示"蓝色"的词汇源自古代表示"黑色"或"绿色"的词汇，后来的文字中又加入了黄色、绿色、紫色和蓝色。这一进展也似乎

图 1-5 消失的蓝色

暗示着某种进化过程。

几年后，一位瑞典的眼科解剖学家发现，许多人都患有色盲。于是一位名叫雨果·马格努斯（Hugo Magnus）的眼科医生得出结论，按照今天的标准，古代的人都是色盲。随着时间的推移，眼睛吸收了更多的颜色，对颜色的敏感度增加了，这种获取颜色的能力就遗传给了后代。当然，今天我们知道这种获得的能力是不能遗传的。

1.2.3 色彩与语言

除了生理器官的进化，语言也会影响人类对色彩的感知。1898 年，心理学家、医生里弗斯（W. H. R. Rivers）去了新几内亚和澳大利亚之间的托雷斯海峡群岛。当他看到岛上的老人说天空是黑的，小孩说天空的颜色像脏水一样，他和其他人类学家得出结论，早期的人类以及这些孤岛上远离现代文明的人并不是色盲，他们看到的颜色和今天我们看到的一样，只是不值得发明一个专门的词来形容，或者说是缺乏语言的能力。里弗斯（W. H. R. Rivers）认为："一定有什么原因使那些岛民认为的蓝色比我们看到的更暗淡、更黑暗。"但神经学家坚持认为他们看到的是和我们一样的蓝色，只不过用黑色来表示。

在对"蓝色"的研究中，我们知道了颜色存在于大脑的认知中，多伊奇相信对于岛民来说，黑色的定义远比我们要广泛，他们把看到的蓝色也归类于黑色。

但还有一些科学家认为这不仅仅是一个颜色命名的问题，岛上的居民确实比我们看到的天空要暗一些。当今的人类经过长期的语言训练，是懂得为看上去哪怕略显不同的事物给出不同的称呼的。

因此我们认为蓝色是轻的，完全不同于黑色，实际上可能是更暗、更接近黑色。在某种意义上，黑色和蓝色之间明显的区别或许是我们想象出来的。现代神经生物学研究为这一点提供了充足的证据。

为什么黑色、白色、红色是我们的祖先最先看到的颜色？在进化论的解释中，远古人类必须区分黑夜和白天，红色对于识别血液和危险很重要。即使在今天的西方文化中，红色仍然是紧张和警觉的标志。绿色和黄色进入词汇是为了区分成熟和未成熟的水果，以及绿色的草和枯萎的草等。而蓝色的水果并不常见，天空的颜色对生存也不是至关重要的。

这真的是一个超出日常思维的关于蓝色的故事。首先，语言影响了我们对颜色的认识，但我们突然意识到，人类看待世界的方式在某种程度上是一种幻觉，是我们自己的大脑对我们要花招的产物。

因此，我们的祖先对于颜色的理解和视角与我们不相同，但他们看到的颜色与我们今天看到的是一样的，这并非因为我们的感官发生了某种变化，而是因为我们对事物的感知发生了变化，这种感知会影响我们的认知，想象力，甚至情感，所有这些都会随着时间的推移发生变化。同时，文化和语言的进化决定了我们不同于先人对颜色的命名。

为了证实人类的眼睛是能看到蓝色的，只是没有给它一个专门的名字，科学家们进行了各种各样的研究，其中最著名的是 2006 年由伦敦金史密斯大学心理学家朱尔斯·大卫多夫（Jules Davidoff）进行的研究。他的团队与纳米比亚的辛巴部落展开合作。在辛巴部落的语言中，没有蓝色这个词，绿色和蓝色之间也没有区别习惯。为了测试他们是否看见了蓝色，他向部落成员展示了一个由 11 个绿色方块和一个蓝色方块组成的圆圈（图 1-6）。

显然，辛巴部落的人很难找出这个蓝色。有趣的是，辛巴部落中用于描述绿色的单词比我们多。朱尔斯·大卫多夫向说英语的人展示了 12 个绿色的色块，其中 1 个有微弱差别。我们很难区分哪个绿色是不同的，但是来自辛巴部落的人很容易观察出那个不同的绿色块。

2007 年，麻省理工学院的科学家进行的另一项研究表明，以俄语为母语的人比以英语为母语的人能更快地辨别出明亮的蓝色和暗淡的蓝色，原因是俄语中没有蓝色这个词语，却有表达浅蓝的词和深蓝的词。"沃尔夫假说（Sapir - Whorf hypothesis）"，又称"语言相对论（linguistic relativity）"，是关于语言、文化和思维三者关系的重要理论，这个理论指出在不同文化下，不同语言所具有的结构、意义和使用等方面的差异在很大程度上影响了使用者的思维方式。简单说就是

图 1-6　Jules Davidoff 实验用图

语言可以决定我们的思维方式，语言是思想和感知的过滤器或放大器。语言影响着我们对色彩的表达，颜色的感知与命名共同形成了语言的基础。

因此，在"蓝色"这个词汇出现之前，我们的祖先和我们一样看到过蓝色。对他们来说，天空真的是青铜色的，大海真的是和酒一样的颜色。因为他们缺乏蓝色的概念，所以对蓝色的感知没有相应的词汇可以承载。如果我们没有一个词来形容颜色，我们往往会忘记它，或者有时根本没有意识到它。同样，语言相对论还表明，语言之间的相似性是相对的，结构差异越大，反映出对世界的认识越不同。直到同名柑橘到达欧洲200年后，英语才出现"橙色"一词。在此之前，该颜色被另外两种颜色共同描述，即"黄红色"。

1.3 中国传统色彩体系

在中华文明的历史长河中，周武王开启了"以规矩为本"的统治理念，认为世间万事万物基本都可以被纳入五行体系，如五方、五岳、五音等，当然，颜色也必须是五色。于是，五个正色分别代表五行，成为中华民族文化传统中重要的色彩体系。天子作表率，根据季节更换居室、衣服、配饰、马车、马匹、旗帜、仪仗的颜色，汉以后，帝王的起居和行为大多按照"五时色"的原则执行。阴阳学的创始人邹衍（约公元前305～公元前240年）推崇"五德终始说"，经过复杂变迁，唐朝顺应土德，崇尚黄色，从此，最尊贵的颜色被确定了。

中国传统"五行"思想衍生出"五色"哲学以及对应的文化内涵。在五行基础上建立起了"五色观"色彩体系，这一体系与五行中的"阴阳色彩观"相匹配，黑、白、红、黄、青5种单色为正色，体现了事物之间的相互联系与转化的辩证观点。在阴阳五行思想的影响下，五色在原来的五种单色的基础上，通过色彩间的混合产生了更加多样和丰富的色彩，称之为

间色，五色又称之为正色。《环济要略》界定为"正色有五，为青、赤、黄、白、黑也。间色有五，谓绀、红、缥、紫、流黄也。"《尚书·洪范》中记载"五行，一曰水，二曰火，三曰木，四曰金，五曰土。"意思是说，金、木、水、火、土是构成世间万事万物的本源，一切事物皆与这五种元素和谐统一。"五色"是色彩本源之色，五行生百物，五色生百色，五色观完全符合五行观的理论，传统色彩学的配色原理，基本上是以五行思想为依据的。其中五行、五色、方位间的对应关系是东方青色主木、西方白色主金、南方赤色主火、北方黑色主水、中央黄色主土。这种搭配的观念被当时的阴阳学家们推广放大，几乎渗透到了社会的各个领域，影响着当时人们的日常生产与生活。

1.3.1 白与黑

五色中的白，属金。传统色中的白色有：茶白、雪白、月白、乳白、象牙白、霜白。在儒家思想中："无色而五色成"，可以理解为"白"与"无色"是同义词。中国传统的"白"也有"空""无"的延伸意义，并且带有一定的宗教性。在中国传统民俗文化中，白色象征着万物衰败的秋天，所以白色意味着失去，白色也常常与死亡、丧事相联系。京剧脸谱中常常用白色暗示阴险、疑诈的人物性格。

五色中的黑，属水。传统色中的黑色有烟煤色、墨色、黛色、玄青、玄色、漆黑。道家尚"黑"，使黑色逐渐演变成一种理性的色彩。古代，黑色常常被称为"玄"。"玄"字有"神秘""神圣"的含义。秦始皇时代尚黑，从帝王到平民都穿黑色，因为当时的五行家根据五行学说认定当时的秦符合水德。随着佛教的盛行使黄色和赤色成为正色，将黑色与罪恶相联系，从此黑色的地位发生了变化。在京剧脸谱中用黑脸表示刚正勇敢的性格。

1.3.2 赤、黄与青

五色中的赤色，属火。传统色中的赤色有朱砂红、烟脂红、杏红、珊瑚红、品红、洋红、桃红、妃色、海棠红、嫣红

色。最早从赤铁粉末和朱砂中提取，到周朝开始从茜草、红花、苏仿等植物中提取。中国人对红色的钟情源自原始人类对火的崇拜。在远古时期，生产力低下，"火"象征着天神的力量，可以作为一种强大的、神奇的力量驱走寒冷和黑暗，京剧脸谱中也通过红脸表示忠勇耿直。

红色一直作为中国最传统、最受民间喜爱的颜色，被应用到日常生活的各处。红色也成为春节的代表色，代表了吉祥与喜庆，红色的春联、红色的灯笼渲染出节日的喜庆气氛；红色是一种身份地位的体现。早在西周时期，红色就已被视为尊贵的颜色。唐代在服饰色彩方面曾规定，五品官员"朱色"为常服。红色也成为皇家建筑的主要颜色。朱红色常常作为权贵的象征。在儒家色彩观中，把色彩作为衡量道德理念的一种标准，赋予色彩道德观念，崇尚红色。经过世代的沉淀和升华，红色也成为中国文化中最为重要的色彩之一。

五色中的黄色，属土，传统色中的黄色有樱草黄、鹅黄、蛋黄、米黄、栀黄、杏黄、明黄。黄色象征着阳光与生命。我们常常说我们是"炎黄子孙"，且五色体系中黄色居中，黄色代表了皇家的地位和权势。

在五色体系中，黄色是中央之色、中和之色。黄色，表示着生命之源，也表示着中央所在。黄色也是皇族的专用色，象征着皇家的权利。在京剧脸谱中黄色象征着勇猛干练。

五色中的青色，属木。传统色中的青色有鸭卵青、天青、蟹壳青、鸭嘴青、梅子青、琉璃色、孔雀蓝、石青等。在古代"青"字的内涵常常发生变化，有时指绿色，有时指蓝色。据记载，周代已经开始人工种植蓝草了，到了春秋战国时期蓝草的种植已经较为普遍了。青是中国特有的颜色名称，在《说文解字》里，青是"东方之色"，是中国特有的一种颜色，是一种尊贵、庄重、雅致、典丽的颜色。在京剧脸谱中，绿脸代表草莽好汉，蓝脸则代表妖邪盗寇。

1.4　室内色彩环境

1.4.1　情感表达

颜色，如同空气一样萦绕在我们周围。我们每天睁眼醒来，从窗外的天空到眼前的衣物和周遭的一切颜色都无处不在。

在千万年的人类历史中，颜色的故事一直在持续着，不论是西方基于科学的对颜色的研究，或是中国传统文化中以各种形式存在的颜色，都是人类从生理和文化上体验世界的重要途径。在语言还没有诞生之前，人类就通过视觉图案进行沟通和表达了，图案中的颜色代表着各种各样的意义，成为视觉中首要的沟通语言。

颜色的研究涵盖了物理、化学、哲学、生理学、心理学、生物学、语言学、人类学以及美学等多学科的综合领域。总体来看，17世纪以前的色彩理念都是主观的，是哲学、神学、宗教的概念，主导了我们对颜色文化的理解，17世纪后色彩的研究才逐渐走向科学化的道路。

大多数人提及颜色，都会想到艺术和绘画，颜色科学的诞生和进步极大地影响了艺术的发展。印象派的诞生与光学色彩理论的突破就有着重要的关联（图1-7），现代印刷技术的网点叠印则可以看作点彩派艺术的一种实际应用（图1-8）。现代光学和视觉心理学的进展催生了美国的奥普艺术（图1-9），而这种艺术又被视觉心理学家当作研究的对象。由此看来，颜色本身就是艺术与科学的共同载体，在中文的语境中常以"颜色科学、色彩艺术"来诠释Colour这个英文词，"颜色"二字更理性、直接，"色彩"，则更感性、间接。人类对它从感觉、感知到认知，走过了千万年，成就了真与美的结合。

人眼可以感知数百万种颜色，但是我们并非都以相同的方式识别这些颜色。色彩之所以迷人是因为它既是客观的又是主

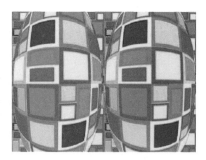

图1-7 莫奈·草垛 印象派绘画　　　　图1-8 保罗·西涅克的点彩绘画　　　　图1-9 奥普艺术风格作品

观的，可以说它存在也可以说它并不存在。

　　色彩的存在方式与艺术和爱的存在方式非常相似：可以感知到它们的存在，但是它们并非以实体的方式存在于外部世界。虽然你可以给"绿色""艺术"和"爱"下一些客观的定义，让它们更真实，但是这些定义是非常特别的："绿色"是波长在 520～570nm 之间的光，"艺术"是埃尔维斯在黑色天鹅绒上的肖像，"爱"是清晨雨后空气中的味道……所以，以一种既适用于艺术、设计和审美又适用于科学真理的方式来读懂色彩或许真的是一项艰巨的任务。但色彩组合在一起的美不仅是对视觉和心理上的感动，更有背后科学的理论以及各种颜色工具的支撑。

　　和艺术创作、产品设计一样，你也可以把空间看成是一张画布、一个产品，节奏、韵律、主次、层次以及造型、材料、功能等也是空间设计所追求的。因此，室内色彩环境设计最终的追求和呈现同绘画一样需要表达出真切的情感，而色彩本身就是情感的传递者。

　　2019 年 COVID-19 新冠疫情暴发，成为人类历史上的重要事件，对当下人们的生活方式产生了重大的影响。室内空间是人们生活方式最重要的载体，当在家办公成为常态、当对防疫的诉求成为刚需、当空间的功能因为疫情而变得更为复杂和多变，空间的设计当然会由此进入一个新的历史时期（图1-10～图1-17）。而空间中的颜色、材质和肌理该扮演怎样的角色？这一系列问题都值得我们每位设计者思考。

图1-10 疫情后的室内演唱会
美国"the flaming lips"摇滚乐队通过塑料气泡实现音乐会场中个体之间的零接触。这一音乐会中，共有 100 个充气球，可容纳 3500 名观众。为传染性疾病流行下的音乐会提供现场版的创新改进方案。

图1-11 疫情后柏林剧院座位的重新规划

图1-12 独立温室
阿姆斯特丹 Mediamatic 艺术中心餐厅。

图 1-13 疫情后的就餐空间

图 1-14 疫情后的教育教学空间
屋面材料选用便于消毒的饰面，屋顶高达 6m，且建筑地面安装有电源插座、通风装置等，保障室内的消毒通风。

图 1-15 疫情后的独立办公空间

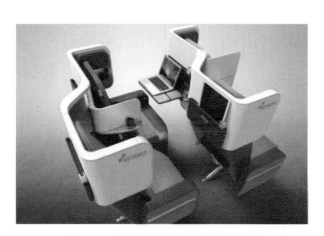

图 1-16 疫情后交通空间座位的错位布局

图 1-17 疫情后交通空间座位的反转布局

1.4.2 元素表达

空间中的色彩必须连同光源、材质和肌理一起，才能呈现出一个完整的色彩面貌。因此，某种程度上色彩可以成为空间设计的主角。它不仅可以承载功能性的提示作用，更可以影响空间的氛围，给人带来不一样的感官刺激，改变空间使用者的情绪和心情（图 1-18）。色彩是空间设计的主线，围绕色彩，可以设定空间想要传达出来的感情以及最初的空间定位，据此进而选择灯光、肌理、家具、饰物等。

光源：包括自然光源和人造光源。没

有光就没有颜色，光能改变空间中所有元素的颜色呈现。光源是形成各种肌理的要素，更能营造不同的空间氛围，无论是浪漫的、自然的、还是性感的、温暖的。在空间中，光源的首要任务是照明，而不同光源的色温正是传递不同空间情感的最佳元素。当下的空间设计中强调的是有利于人类福祉的健康照明，亦即符合生理节律的照明方式（图 1-19）。

肌理：空间中的肌理是各种元素表面材质的延伸。从织物、家具到墙地面和装饰配件，结合着颜色形成空间特有的情感。可以利用肌理来增强空间现有的功能或为空间提供额外的维度（图 1-20、图 1-21）。

图案：作为一种设计元素，图案常常与色彩相配合，如同点彩派的绘画，成为色彩的另一个表现手法。同肌理一样，图案可以赋予室内材料更丰富的维度。在织

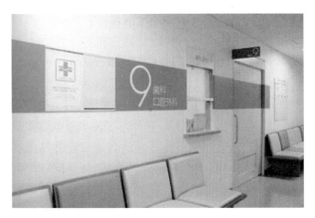

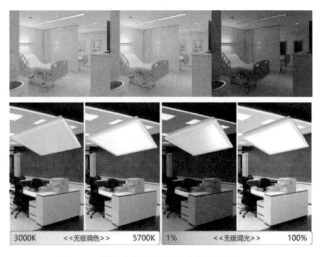

图 1-19　符合人体健康的室内节律照明

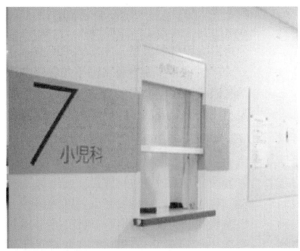

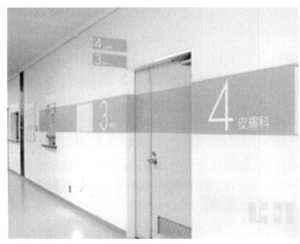

图 1-18　室内色彩的导视作用
医院标识环境导示系统中的色彩规划。

图 1-20　天然肌理诠释空间尺度的水疗中心

物、地毯、瓷砖和壁纸中常常可以看到图案的身影（图 1-22）。

线条：空间中的线条是通过造型、家具等元素呈现出来的，是形式与形状的重要构成。线条引导着空间的动线，赋予空间秩序感。线条无处不在，时而创造空间的戏剧性和活力时而营造出女性的柔美。

形式：形式与线条密切相关，在一个长方形的空间里放置一张长餐桌可以创造出一种和谐的感觉。在桌子上方加上一系列的圆形吊坠装置，你就获得了对比和平衡感。然而，需要注意的是，如果把握不当，在一个空间里使用过多不同的形式可能会导致混乱和脱节（图 1-23）。

图 1-21　素雅留白、自然恬静的空间肌理

图 1-22　室内陶瓷锦砖墙面大理石图案

图 1-23　沙发、灯具的柔软形式与拱门的造型融为一体

可以说，这些设计元素对于一个完整的空间来说缺一不可，在互相交融又各自独立的穿插中成就好的空间设计。而将这些元素紧密组织在一起的是色彩。在设计之前，色彩与空间定位、风格、空间情感、使用者的背景、喜好、经济能力等有着密切的关系；其次，设计过程中的颜色和谐、颜色审美以及颜色与材料、肌理的关系，照明光源的不同色温对颜色呈现的影响等，都让色彩成为空间中的主要角色。因此，在开启色彩与空间设计学习之前，让我们通过下一课的学习先一起了解一下究竟什么是色彩。

1.5 课后练习

（1）你最喜欢的色彩是哪一种？你知道这种色彩的历史吗？

（2）你所居住的空间在色彩上有哪些特色或特征？

（3）请分析你居所的色彩特色或特征是通过何种途径呈现的。

第二课　色彩C（基础篇）

2.1　本课导学

2.1.1　学习目标
（1）了解色彩的本质及其与光的关系；
（2）掌握色彩的三要素以及准确描述一种色彩的方法；
（3）了解影响色彩的常见因素；
（4）掌握主、辅色的概念；
（5）掌握色彩混合以及色彩间相互影响的基本原理；
（6）掌握常见的色彩与情感间的对应关系；
（7）了解有关人类色彩偏好的基本理论。

2.1.2　知识框架图

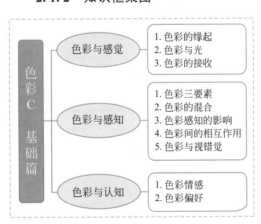

2.1.3　学习计划表

序号	内容	线下学时	网络课程学时
1	色彩与感觉		
2	色彩与感知		
3	色彩与认知		

2.2　色彩与感觉

通常来说，颜色对于人的作用是经过感觉—感知—认知三层阶段达成的。感觉是人的感官对外界刺激的反应，包括听觉、嗅觉、味觉以及视觉。

2.2.1　色彩的缘起
在一个没有光的空间里眼睛是捕捉不到任何颜色的，光是理解颜色的开始。

17世纪英国科学家牛顿认为光线是由物体（如太阳、火）发射出的小粒子组成，但荷兰物理学家克里斯蒂安·惠更斯（Christiaan Huyg（h）ens）则认为光是一种随着运动上下振动的波。1820年丹麦科学家汉斯·奥斯特（Hans Christian Ørsted）在进行一场关于电力的讲座时，指南针碰巧放到了他做实验的电池附近，他注意到在开关电池时，指南针的指针会突然抖动。他意识到电与磁有关，变化的电场会产生磁场。

1831年，英国科学家迈克尔·法拉第（Michael Faraday）发现了相反的现象：不断变化的磁场也会产生电场。苏格兰物理学家詹姆斯·克拉克·麦克斯韦（James Clerk Maxwell）收集了关于电和磁的观点，并将它们整合成一个完整的"电磁学"理论。最著名的是他结合Ørsted和法拉第的发现来解释光的本质。他意识到，一个不断变化的电场可以产生一个不断变化的磁场，然后磁场又会产生另一个电场。最终将形成一个不断重复并以惊人速度传播的电磁场。麦克斯韦计算出的速度非常接近光速。所以这就是光：一个电场和一个磁场结合。

现在我们知道可以通过波长来区分电磁波频谱。可见光是电磁光谱中非常小的一片，波长约为四到七千亿分之一米，大约是大肠杆菌的宽度，或者人类头发的1%。

我们之所以能看到这个范围的光主要

有两个原因：首先，视觉影像是由光引发的某种化学反应。人类细胞的碳基化学反应恰好能在可见光范围内启动。较长的波长不能携带足够的能量引发反应，而较短波长的光携带太多的能量，会破坏细胞中的化学成分，这也是紫外线能引发晒伤的原因。其次，眼睛最早是从海底生物进化而来的，可见光在水中传播得更远，因此具有最大的进化优势。

光波与声波非常相似，但光波移动得更快。声音以每秒330m的速度传播，光的传播速度则可以达到每秒299792.458km。光波和声波的另一个区别是，声音的传播必须要有介质，但光可以在真空中传播。这就是为什么来自太阳的光可以到达地球的原因。

可见光的波长范围从紫色末端的400nm到红色末端的700nm。随着波长越来越长，可见光的颜色变成了蓝色、绿色、黄色、橙色，最后是最长的，也就是红色。黄色和绿色的波长大约是500～600nm，被认为是光谱中最容易被人眼看到的颜色。白光则是一种复合光。有些动物能看到可见光之外的颜色是因为这些色彩所处的波段刚好在可见光波段之外。例如昆虫就能看到紫外线但人类却不行，而有些人类可以看到的红色昆虫则看不见。

牛顿曾经用三棱镜将白光分解，让人们直观地观察到了组成白光的各种光源（图2-1）。

图 2-1　三棱镜对白光的分解

2.2.2　色彩与光

光照到物体表面，有些光被物体吸收，有些则反射。反射到我们眼睛里的光开启了色彩之旅。绿叶吸收除绿色以外的所有颜色，所以我们看到绿叶。如果一个物体看起来是白色的，意味着它反射了可见光谱中所有颜色的光。反之，如果一个物体呈现黑色，则是因为它吸收了可见光谱中所有颜色的光。

目前，我们能看到的最黑的颜色是一种叫作"Vantablack"的涂料，它能吸收99.96％的光线。当被Vantablack覆盖住后，面具上几乎没有光线被反射过来。如果你正面直视它，就会失去空间的纵深感，如同凝视深渊。2019年，MIT的研究团队研究了一种吸光能力高达99.995％的材料，在其工艺成熟前，Vantablack涂料所呈现的依然是最黑的黑色（图2-2）。

图 2-2　黑色涂料覆盖了面具，如同抠图

与极致的黑对应的，极致的白就是尽可能反射所有的光。2020年，美国普渡大学的研究人员受"撒哈拉银蚁"（Cataglyphis bombycina）的启发，研究出一种超白的涂料，可以反射95.5％以上的光。同撒哈拉银蚁一样，研究者开发这种涂料也是想借它实现更好的降温效果。

2.2.3　色彩的接收

人类的视网膜有约1.25亿个感光细胞，因此人眼可以区分数百万种色相。其中，视锥细胞分别感知红色、绿色和蓝色。占感光细胞总数的95％～96％的视杆细胞则是亮度感受器，对光的敏感度是视锥的500倍，并且散布在除中央凹以外的整个视网膜中。

光通过眼睛和视网膜到达视锥细胞和视杆细胞，这些信号通过神经节细胞被大脑解读。在我们的眼睛里有数百万个微小的分子，它们的作用就像电灯开关一样，而光的亮度和颜色决定了哪些"电灯开关"是开着的，哪些是关着的（图2-3）。

动物有不同种类的视锥细胞，使得它们能看到不同的颜色，许多开花植物通过紫外线来突出它们的颜色，吸引昆虫找到它们的花粉（图2-4）。

在深海中，大多数动物都是失明的或对颜色的敏感度非常有限。但有些物种，比如黑龙鱼则相反，这种鱼能看到它们的猎物看不见的红光，并借此捕猎（图2-5）。

在光的不同波段中，哪种波长对应哪种颜色，或者可以看到哪种颜色，完全取决于生物的眼睛，而不是光本身的任何性质。世界上不存在客观的"真实"颜色。彩虹的颜色只不过是一种共同的（可靠的、一致的、强烈的）幻觉。

事实上，我们看到的大多数"科学图片"：任何有恒星、星系、单个细胞等的图片都是"伪彩色图片"。也就是说，摄像机探测到一种我们看不见的光（例如无线电波），然后将它们"转换"成我们能看到的形式（图2-6）。

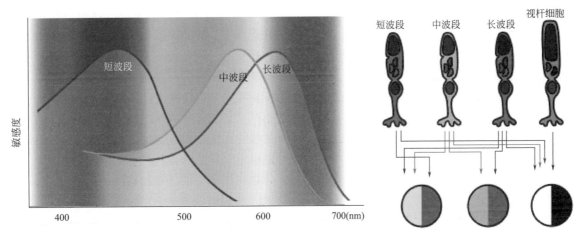

图 2-3　三个锥细胞以及它们对不同波长光的敏感度

图 2-4　左图：人眼所见；右图：昆虫所见

图 2-5　深海中的黑龙鱼

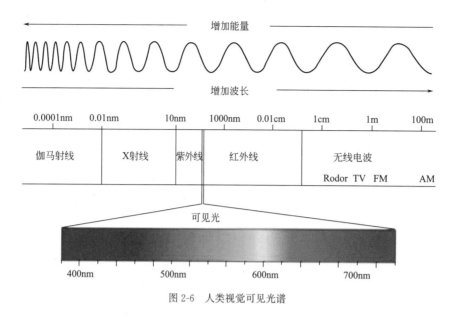

图 2-6 人类视觉可见光谱

2.3 色彩与感知

感知是感官对环境中各种物理要素产生的觉知。颜色感知的过程是在大脑中进行的，眼睛里有对光做出反应的设备，让大脑进行信号处理。之所以说"视而未见"，是因为我们的眼睛只是一个精密的光接收器，经过通道到达大脑，最后是大脑告诉你那是什么颜色。可以说，对于"什么是颜色"这个问题，如果没有人的眼睛对光的接收和大脑对信号的解读，那么颜色就只是各种物理波长的存在。例如红色其实是人类的大脑和眼睛对特定波段光的标记。

1704 年，牛顿在关于颜色感知的开创性著作《光学》中谈到光辐射没有颜色，它只有诱导特定色觉的能力和倾向。换言之，如同重力不能被视为物质的一种物理属性一样，颜色也不能。

在物理学定义的"真实"世界中，物体没有固有的颜色。相反，它们的表面含有吸收某些波长并反射其他波长的物质。我们的眼睛接收反射的光波，并把它们转换成信号。然后，我们的大脑将这些信号转换成颜色。如果我们看到一个绿色的物体，那是因为这个物体的表面吸收了除绿色以外的所有颜色。

因此，因为眼睛构造的不同，同一事物的色彩面貌在人类和动物眼中是不同的。许多鸟类、爬行类动物以及昆虫有四种颜色感受器，有的动物有五种，例如鸽子、蝴蝶等。最有意思的是，皮皮虾的颜色感受器竟然有 16 种，它能捕捉的色彩范围很广，伊利诺伊大学的研究人员从皮皮虾的视觉系统中得到灵感，创造出了一款"能够感知颜色和偏振光"的超敏感相机，可以应用于早期的癌症检测、环境变化监测以及解码许多水下生物的交流秘密等方面，还能够提高自动驾驶汽车传感器和摄像头性能。

2.3.1 色彩三要素

色彩的三要素是对色彩进行描述的有效工具。即色相、明度、饱和度。任何一种颜色都具备这三个属性，并且这三个属性相互独立。只有当三个物理量都确定时，才能确切的描述一种颜色。

（1）色相

是一种颜色所固有的基本特征，即颜色的相貌。色相是色与色之间相区别的最主要的特征。你能描述出来的颜色都会有一个名字，红橙黄绿青蓝紫，称为色相。色相一般由颜色的光谱决定，为了直观地表示色相，将光谱色的色带作弧状弯曲首尾相连，形成一个色相圈，就成了色相环。

一般人眼可以分辨的光谱色色相为100 多种，谱外色约 30 多种。对色彩高度敏感的人其色相的辨认能力会超过130种。如果你想成为一个色彩工作者，即使缺乏色彩的高敏感性，只要经过不断的色彩实践，对色相的辨认能力也会不断提高。

（2）明度

明度的基础是色彩的亮度，但亮度不等于明度。在色彩学上亮度与光能量的大小相关，而明度则不然，它是颜色的亮度在人眼视觉上的反映。明度是从感觉上来说明颜色性质的，因此，不能把明度单纯地理解为一个物理学的度量，它同时还是一个心理的量度。同一色相物体，颜色越接近于白色其明度值越大，越接近于黑色其明度值越小。因此如果在一个颜色中加入白色，它的明度就会提高，加入黑色明度则会降低。

不同的色相，本身的明度也存在差异，例如黄色较亮，蓝色较暗。在可见光谱中，黄色、橙黄色、黄绿色的明度较高，橙色和红色的明度居中，而青色和蓝色的明度较低。

（3）饱和度

饱和度又称为颜色的纯度或彩度，是指颜色的纯粹程度，通俗地说，就是一个颜色的鲜艳程度。可见光谱的各种单色光具有最饱和的颜色，其他物体颜色的饱和度要看它反射光或透射光与光谱色的接近程度。

物体颜色的饱和度还取决于这个物体表面的结构，如果物体表面光滑，表面反射光线耀眼，颜色饱和度就高。如果呈色表面较粗糙，表面的光呈漫反射，颜色饱和度就会相对较低。在颜色设计中，如果往鲜艳的颜色里加灰色，就会降低这个颜色的饱和度。

2.3.2 色彩的混合

色彩的三要素，是在色彩应用过程中最基本、最重要的知识，色彩的搭配、色彩情感的表达等都建立在这一基础之上。这里，先简单地了解一下颜色的混合。

（1）减法混色

当颜色吸收或减损光波并反射其他光波时，就会发生减色混色。青色、品红色和黄色这三种原色分别混合形成红

色，绿色和蓝色，最终混合成黑色。这种颜色混合法也是印刷领域混色的基本原理（图2-7）。

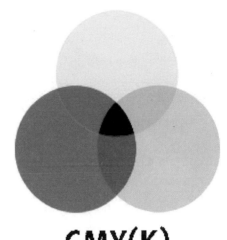

图2-7　CMY（K）印刷颜料混合

另一种颜色混合的原理，常出现在艺术家用于混合颜料的传统方式中。其原色为红色，黄色和蓝色。之所以是这三种颜色，一个重要的原因是红、蓝、黄三色颜料产品在历史上更容易生产（图2-8）。

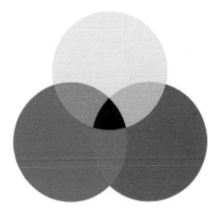

图2-8　绘画颜料三原色混合

（2）加法混色

当介质是光而不是颜料时，例如在眼睛，电子显示器，摄影和照明中，会发生加色混合。按照光线的属性，当混合不同波长的光时，每种颜色会相互叠加，最终产生白色（图2-9）。

图 2-9　RGB 光混合

2.3.3　色彩感知的影响

（1）影响因素

情绪、感觉甚至记忆等因素，都会影响我们对颜色的感知。所以，完全有可能存在两个人看到同一个物体，眼睛接收的波长相同，但"看到"的颜色却不同的情况。

颜色感知是主观的，不同的人对颜色有不同的反应与理解。女性比男性更容易拥有自己喜欢的颜色，对于亮色调和柔和色调女性更敏感且更愿意接受，男性则更倾向明亮的颜色。如在某些文化中，白色象征着幸福和纯洁，白色婚纱就是具体体现。而在其他文化中，白色则可能意味着悲伤。在研究颜色对人类情绪和行为的影响时，必须考虑这些因素。

影响颜色感知的因素有很多，包括光源、视角、表面肌理、背景颜色、物体的大小和形状等。物体的颜色常常受到环境因素、表面条件和视错觉的影响。

观察者主观因素：眼睛的敏感度因人而异，这就导致对色彩的感受个体间会出现差异。例如，看同一个苹果有的人认为颜色鲜艳，有的人则不然；视角：从不同的角度看物体，其颜色也会有差异；光源：物体的颜色在不同的光源下可能会有不同的表现。不同类型的光可能对物体颜色产生不同的影响（图 2-10）。在空间设计中，不同的光源颜色对室内的

各个元素都会产生影响，从而营造不一样的氛围感受；表面条件：物体的肌理、光泽度和其他表面条件都会影响人眼对物体颜色的感知；背景：背景的颜色对主要物体颜色有很大的影响；面积：色块的面积也是影响感知的重要因素。从物理角度来说，面积大小改变了对光的反射量。大面积的颜色，比如墙壁，往往比小面积的颜色（色卡）显得更明亮、更生动。在空间用色中，颜色的面积需要着重考虑。

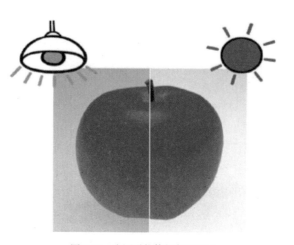

图 2-10　光源对物体颜色的影响

（2）主色与辅色

当两种颜色放置在一起时，不同的面积大小比例关系会形成平衡、强调等不同的效果。

在下面红色/绿色色块中，左图红色与绿色似乎处于平衡状态。这两个色块大小相同。在右图中，绿色部分由于面积的缩小而显得更加突出，更能吸引人的注意力（图 2-11）。

图 2-11　色彩面积比例的变化

所占比例最大的颜色是主色，较小的

区域是辅助色。强调色是相对面积最小的颜色，通过色相、强度或饱和度的变化而产生对比。在深色背景上放置一小块浅色区域，或在浅色背景上放置一小块深色区域会产生一种强调效果。

2.3.4　色彩间的相互作用

同时对比是一种视觉感知现象。一种颜色的外观会受到它周围其他颜色的影响，这被称为同时对比（或色诱导）。例如白色放在黑色旁边会显得更白，黑色放在白色旁边会显得更黑。这一现象使得两个相邻的颜色产生相互影响，改变我们对颜色的感知。

其效果是在生理互补的方向上起作用的，例如蓝色和黄色一起出现时，会加强颜色之间的对比。当一幅画中有一个强烈的红色斑块，它周围的颜色就会呈现出微妙的红色成分（图2-12）。

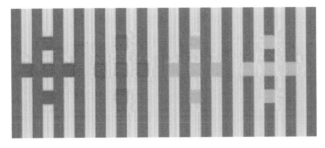

图 2-12　色彩的同时对比

图2-13显示了同时对比对亮度的影响。深色的背景使颜色看起来更浅，浅色的背景使颜色看起来更暗。任何颜色接近另一种颜色时都会在视觉上发生改变。

在下面的示例中，相同的蓝紫色方块在不同的背景下呈现出不同的色彩面貌。这些彩色方块与它们的彩色背景相互作用，产生一种可感知的差异（图2-14）。

在下面这对样本中，四个小正方形在两个样本之间的每个位置都是相同的但却产生了显著的亮度差异：左边的方块会显得更亮、右边的方块看起来更暗（图2-15）。

除了亮度，任何一种颜色都会影响相邻颜色的色相，使之朝着自身的互补色方向发展。图2-16中橙色区域的色块带一点蓝色，而绿色区域的色块带一点红色。

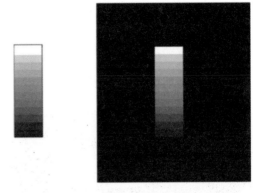

图 2-13　同时对比对亮度的影响

图 2-14　相同的蓝紫色方块在不同的背景下呈现出不同的色彩面貌

图 2-15　四个小正方形在两个样本之间的每个位置都是相同的但却产生显著的亮度差异

图 2-16　任何一种颜色都会影响相邻颜色的色相，使之朝着自身的互补色方向发展

任何一种颜色在黑色的背景下都会显得更亮，更有强度。白色背景的衬托下都会显得强度较低，颜色较深。多数图像制

作者都懂得使用黑色背景，获得最强烈的颜色。为了降低颜色的强度，就把颜色显示在白色的背景上。使用中灰色背景可以更准确地显示颜色（图 2-17～图 2-19）。

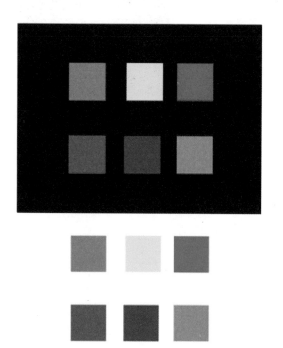

图 2-17　通过黑白色背景切换加强或减弱颜色强度

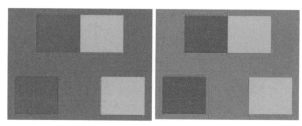

图 2-18　深色在其深互补色的背景上，深色表现出更强的强度

图 2-19　浅色在其浅互补色的背景上表现出更强的强度

任何两种互补色在并排使用时都比单独使用任何一种颜色时显示出更高的对比度。直接的互补并不影响彼此的色调。但它们会相互影响对比度或亮度（图 2-20）。

在下面的样本中，蓝色在其互补色背景上比其他背景上看起来更强烈。只是背景色不同，饱和度和明度在它们之间是恒定的（图 2-21）。

浅色在非互补色的浅色背景下，通常使用添加深互补色和黑色的边框增强其强度。浓色在非互补色的浓色背景下，通常使用添加浅互补色和白色的边框增强其强度。在这些样本中，在上一组圆周围添加的细线起到了强调的作用，使圆与背景颜色相脱离，并增强了它们的效果。你可以看到底部的一组彩色圆圈是如何在没有添加轮廓的情况下失去强度的（图 2-22）。

准确描述颜色的科学方法是使用光谱仪等仪器。而用眼睛准确地感知一种颜色的唯一方法是把它与其他颜色隔离开来，并且眼睛的所有特征都完好无损，以此减小同时对比带来的干扰。同时对比的影响不是物理意义上的真实，而是大脑和眼睛在现实世界中运作方式的结果。

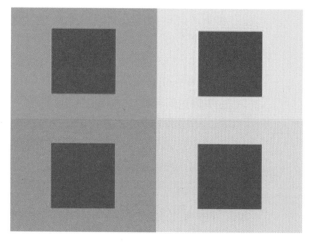

图 2-20　下面的色块在相邻时比单独在一个区域时表现出更多的对比

图 2-21　蓝色在其互补色的衬托下显得强烈

22

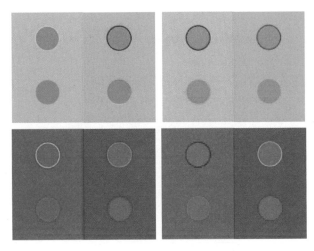

图 2-22　强调浅色与浓色的不同策略

2.3.5　色彩与视错觉

视错觉更多地与我们的大脑有关，是基于大脑对事物的期望（图 2-23）。

图 2-23　垂直线角度改变了吗？

视错觉可以利用颜色、光线和图案产生对我们大脑具有欺骗性或误导性的图像。大脑处理眼睛所收集到的信息，产生一种与真实图像不匹配的感知。视错觉的发生是因为我们的大脑试图解释我们所看到的，并理解我们周围的世界。视错觉只是欺骗我们的大脑，让我们看到可能是真的，也可能不是真的东西。通过这些图片，你会发现大脑要准确地解读眼睛所看到的图像是多么困难。

当你扫视图 2-24 方格与方格之间的点是什么颜色的呢？黑色的还是白色的？其实并没有黑色的点，但你的视觉聚焦到某个点时，会发现点的颜色是白色的。这是视觉的滞留现象（persistence of vision），当人眼所看到的影像消失后，人眼仍能保留其影像 0.1～0.5s 左右的图像。比如：直视太阳数秒后，人眼将残留一个强光源的影像。我们日常使用的荧光灯每秒大约熄灭 100 余次，但我们基本感觉不到荧光灯的闪动。这都是因为视觉滞留的作用。

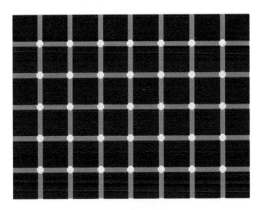

图 2-24　赫曼方格

图 2-25 所示这些线是平行的，之所以让观察者误以为不是平行线是因为图片中黑色和白色的方块没有对齐，所以让人的大脑误以为这些线是倾斜的。

图 2-25　图中这些线是平行的吗？

同样的，由于背景的影响，图 2-26 中在视觉感受上灰色条的明度并不是一致的，但是事实上是一致的。

图 2-26　图中灰色条的明度是一致的吗?

2.4　色彩与认知

颜色被我们接受的过程来到了最后一个阶段，即认知，它是指通过思考、经验和感觉获得知识的心理活动或过程。认知的心理过程包括意识、知觉、推理和判断等方面。日常生活中的经验、处世方法、成长历程等都影响着我们对颜色的认知。当人们反复遇到伴随着颜色的特定体验时，会对颜色形成特定的联想。颜色的情感、喜好以及文化性就体现出来了，例如在西方文化中常将红色和危险、错误联系在一起，而在中国文化中则更多地将红色与喜庆、幸运相联系。

2.4.1　色彩情感

"颜色情感"是指由颜色或颜色组合引起的感觉。不同的颜色所唤起的人类情感可以较精准地捕获用户的需求，甚至可以作为引导消费的工具。

对颜色情感表达的研究最早可以追溯到歌德。早在 1798 年，歌德和席勒就编著了《气质的玫瑰》（*Temperamenten-Rose*）。书中将 12 种颜色与人类的职业或性格特征相匹配，分为四大类。胆汁质（红色/橙色/黄色）：暴君、英雄、冒险家；多血质（黄色/绿色/青色）：享乐主义者、恋人、诗人；冷漠的人（青色/蓝色/紫色）：公共演说家、历史学家；忧郁的人（紫色/品红色/红色）：哲学家、书呆子、统治者。

1897 年，奥地利教育家和哲学家阿

洛伊斯·霍弗勒（Alois Höfler，1853～1928 年）的教科书《心理学》问世，书中介绍了他的色彩系统：一个长方形底座的双层金字塔与一个八面体。霍弗勒的色立体应该被看作是色彩视觉与色彩心理效应之间关系的一种表达。后世许多心理学教科书都采用了他的金字塔理论来解释我们对颜色的感知。

歌德在《颜色理论》中做了关于颜色和心理功能的论述。在这本书中，他将颜色类别（如黄色、红黄色、黄红等"加"色）与情感反应（如温暖、兴奋）联系起来。戈尔茨坦（Goldstein，1942）进一步扩展了歌德的直觉，认为某些颜色（如红色、黄色）会产生系统的生理反应，表现在情绪体验（如消极的唤起）、认知取向（如外在的专注）和公开的行为（如强迫的行为）。1964 年，日本研究者在戈尔茨坦的基础上进一步提出较长波长的颜色可以让人感到兴奋或温暖，而较短波长的颜色让人感到放松或凉爽。其他关于颜色和情感的研究集中在人们对颜色的一般联想上。

一项可以帮助医生判断患者情绪变化的研究表明，抑郁或焦虑的人更容易将自己的情绪与灰色联系起来，而快乐的人则更喜欢黄色。有趣的是，无论情绪状态如何，蓝色似乎都是人们普遍比较喜爱的颜色。研究结果有助于医生判断儿童以及语言交流障碍患者的情绪。这是种比提问更能捕捉病人情绪的方法，是"一种远离语言的测量焦虑和抑郁的方法"。颜色的明度与饱和度有着太多的可能性，所以通常都以色相作为最主要的情绪表达，因为色相与联想、语义、文化、象征等有着最直接的联系。

（1）红色

红色有着丰富的历史，红色颜料的使用可以追溯到古埃及，是历史上的一种主要色调，在发现的人类最早的壁画中就有对红色的运用。红色暗示了能量、战争、危险、力量和决心，也体现了激情、欲望和爱。在红色的各种色调中，粉红色象征着浪漫、爱情和性感；红棕色与收获和秋天有关；深红色与活力、意志力、愤怒、领导力、勇气、渴望有关。

（2）粉红色

粉红色有着有趣的历史，是一种充满活力的女性色彩。因为鲜艳的红色和深红色更受欢迎，所以粉色在艺术和文化方面的历史并不丰富。然而，在文艺复兴时期，粉色颜料开始广泛应用，从那时起，粉色开始进入时尚、艺术和设计领域。

现在大家认为粉红色是天生的女性色彩。事实上，19世纪和20世纪初父母经常给男孩用粉红色，女孩用蓝色。例如1897年，《纽约时报》发表了一篇题为《婴儿的第一个衣橱》的文章，建议父母们"给男孩穿粉红色，给女孩穿蓝色"。20年后的1918年，《英国女性家庭杂志》（British Ladies Home Journal）表达了同样的观点，写道："普遍接受的规则是男孩穿粉色，女孩穿蓝色。"直到20世纪50年代欧美国家宣传粉红色为一种明确的女性色彩。汽车制造商道奇推出了1955年的粉红色和白色"La Femme"车型（配有口红架和配套的粉色雨伞）。柔和、轻柔的粉红色调从此开始代表纯真、少女时代、教养、爱和温柔。明亮、强烈的粉色代表性感、激情、创造力、活力，这种颜色可以提高脉搏率和血压。

在空间中，粉红色是一种很具效力的强调色，你可以用它来让"凉爽"的房间更温暖，粉红色很适合厨房和餐厅，可以增加食欲，还能提升房间的活力，是激发兴奋情绪的较好选择。

（3）黄色

黄色是出现在一万七千年前洞穴艺术中的颜料之一。古埃及人也大量使用这种颜色。由于其与黄金的密切联系，所以黄色代表永恒和坚不可摧。黄色与绘画有着紧密的联系，梵高等艺术家将其作为一种重要的颜色来表达温暖和幸福。

此外，黄色也是原色中明度最高的，可以快速吸引人的注意力。它是厨房、餐厅和浴室较好的选择。在走廊里，黄色能让人感到温暖。淡黄色与智慧、清新和快乐联系在一起，是一种受欢迎的户外房屋涂料。明亮的黄色可以唤起人们乐观的生活态度。"黄色是一种令人振奋的颜色，但是你必须选择正确的颜色。你要确保颜色不要太亮或太暗……"要打造精致的妆容，可以使用深黄色和灰色。黄色和橙色搭配是早餐的绝佳选择，少量的黄色可以作为强调色。

（4）橙色

介于红色和黄色之间的是橙色。古埃及和中世纪艺术家均大量使用橙色颜料，它通常是由一种剧毒矿物雌黄制成的，这种矿物含有微量砷元素。在15世纪晚期之前，欧洲人只是简单地把橙色称为黄红，直到他们引入了橘树，这种颜色才最终命名为橙色。雷诺阿、塞尚和梵高等艺术家的使用使橙色成为印象派的象征。

不同色调的橙色暗示了不同的意义。柔和的橙色给人以甜美的、友好的感觉，而更强烈的橙色代表活力、能量和鼓励。

橙色与欢乐、阳光和热带联系在一起。它代表热情、魅力、快乐、创造力、决心、吸引力、成功、鼓励和刺激。它是唯一一种以水果名字命名的颜色，所以很容易让人联想到香甜的橙子。人们对这种颜色的评价较为两极化。在古代，橙色被认为可以提高能量水平，治愈肺部疾病。但是，深橙色也意味着欺骗和不信任。橙色代表欲望、性欲、快乐、支配、侵略和对行动的渴望。和红色一样，橙色能刺激食欲，是厨房和健身房的优质选项。杏色或赤褐色的橙色可以让人放松。明亮的橙色则增添了温暖和冒险感。

（5）蓝色

最早的蓝色颜料是从蓝铜矿也就是青金石中提取的，这种鲜艳的深蓝色天然矿物广泛用于古埃及的装饰品和珠宝中。从中世纪的彩色玻璃窗到中国精美的青花瓷，再到雷诺阿和梵高等艺术家的绘画作品，蓝色在艺术世界里得到了广泛的运用。

可以说，蓝色是最受欢迎的颜色之一，与信任、忠诚、智慧、自信、智慧、信仰、真理和天堂联系在一起。蓝色有镇静作用，所以人们认为在家里或办公室里使用蓝色对身心都有好处。柔和的蓝色可以营造宁静感，并与健康、治愈、理解和柔软联系在一起，但若用在房间的墙壁上会给人一种"寒冷"感。深蓝色代表知识、力量、正直和严肃。深蓝色可以在卧室里营造一种奢华的感觉。蓝宝石蓝可以作为强调色。"对于厨房来说，那些更明亮的法国蓝色和向日葵黄色是一个有趣的组合。"

（6）绿色

绿色得名于盎格鲁-撒克逊语 grene（草和植物）。绿色是一种与自然、环境以及所有与大自然有关的事物紧密相连的颜色。作为一种很难获取的颜料，绿色在史前艺术中出现的很晚。许多艺术品和织物上的绿色要么变成了暗褐色，要么最终由于使用的颜料活性较大而褪色。因此，只有当生产出合成的绿色颜料和染料时才能实现广泛的运用。

在西方国家，绿色代表幸运、新鲜、希望、嫉妒和贪婪。在中国和日本，绿色代表新生、青春和希望。

绿色有助于平衡情绪并创造出一种禅意，代表了自然和健康，也与同情心、善良等情感有着密切的联系。

绿色是大自然的颜色，被认为是令眼睛宁静的颜色。在室内设计中可以营造平静和安全的感觉。浅绿色和灰色的搭配可以创出一种现代感。不同色调的绿色可以唤起完全不同的感觉，深绿色与雄心联系在一起，而水绿色则与情感的治愈和保护联系在一起。橄榄绿是和平的传统颜色。

（7）紫色

紫色有着高贵的历史，它一直是皇室和贵族的象征。公元前 1600 年，腓尼基人制作一克紫色需要碾碎 12000 只骨螺提取腺体，再将这种液体与木材、灰烬和尿液混合在一起发酵。于是在中世纪和文艺复兴时期，紫色作为奢侈品的一部分，是贵族阶级、地位高的人群享用的颜色。直

到 1857 年，18 岁的化学学生威廉·亨利·珀金发现了如何通过煤焦油和苯胺的结合来合成紫色染料。他申请了专利，将其命名为"淡紫色"，并很快实现了批量生产。

紫色是一种介于暖红和冷蓝之间的颜色，它在色谱中处于一个有趣的位置，根据特定的色调，它可以是冷色也可以是暖色。因此，不同深浅的紫色可以产生不同的效果。光谱中较淡的一端是淡紫色，其苍白、柔和的色调传达了女性浪漫、温柔的气质。

较深的紫色在某些应用中给人以严肃、专业以及忧郁和悲伤的感觉。

紫色可以赋予设计方案深度，并与奢华和创意联系在一起。淡紫色，比如薰衣草色，可以给卧室增添宁静的感觉。室内设计师使用紫色来增加戏剧性，通过结合紫色、粉彩和现代艺术创造出一种时尚感；用霓虹紫色来增加大胆的效果，或者用深紫色来强调房间的神秘感。

（8）棕色

研究表明，棕色是"公众最不喜欢的颜色"，被誉为"最不受欢迎的颜色"之一，但它却是历史上最早被使用的颜料之一。棕色在现代文化中代表更多积极的含义。现在棕色是有机、自然、健康和高质量的象征。棕色可以传达温暖、放松的情感。

在室内空间中，棕色是一个非常易于使用的颜色，它可以传递出回归自然的风格，而暖棕色也是室内常用的色调，呈现出成熟且温暖贴心的空间语言。棕色也是当代老年公寓常用的主色调。

（9）白色

白色很可能是艺术中使用的第一种颜色，旧石器时代的艺术家使用白色方解石和粉笔画画。

纵观历史，白色是善良、灵性、纯洁、虔诚和神圣的象征。古埃及、希腊和罗马的神都穿着白色的衣服。

白色与黑色意义相对，这两种颜色分别成为善与恶、昼与夜、光明与黑暗的

象征。

在西方文化中，白色的婚纱是经典颜色，象征着天真和纯洁，而在许多亚洲文化中，白色代表哀悼、悲伤和失去。有意思的是，曾经的医疗场所常常用白色的墙面代表卫生与洁净，但经过研究和调查，医疗环境中的白色反而给人紧张、冰冷、不近人情的感觉。所以现代医疗环境中往往考虑到更多的心理需求，用不同色相、明度、饱和度的颜色使用在不同功能的区域，通过色彩帮助病患缓解病情。

白色也是现代科技的代表色，寓意复杂的、流线型的和高效的。在白色的环境中，容易让人感觉时间流逝相对较快，因此常被用在厂房或办公环境中。

（10）黑色

旧石器时代，原始人使用木炭、烧焦的骨头或各种碎矿物制成黑色颜料。历史上，黑色一直是邪恶、哀悼、悲伤和黑暗的象征。但在古埃及，黑色也有保护和生育的积极含义。

从一个时代到另一个时代，从一种文化到另一种文化，黑色在意义、应用和观念上经历了许多转变。最终，这种颜色发生了革命性的变化，近代在时尚界获得了突出的地位，迅速成为优雅和简约的象征，可以代表复杂、神秘、性感、自信等情绪。

2.4.2　色彩偏好

性别、年龄、种族、文化背景以及过往的生活经历都会引发对色彩的不同偏好，颜色偏好也一直是色彩研究领域的重要内容，尤其对于跨国界、跨地区的商业产品，更需要精准地对目标人群进行颜色偏好的调查研究。以下四个理论有助于加强我们对色彩偏好的理解，它们分别是：生物进化理论、性别图式理论、生态效价理论以及联想网络理论。

（1）生物进化理论

颜色的偏好与先天生物机制有关，这种机制很大程度上来自进化。颜色与自然界的关联可能在人类历史的早期就已经形成了，当时人类可能把深蓝色和夜晚联系在一起，把明亮的黄色与阳光和兴奋联系在一起（图 2-27）。

这也是为什么雄性更喜欢蓝色，而雌性更喜欢粉色。这些差异源于一种基于狩猎-采集心态的进化偏见（Hurlbert & Ling，2007）。

在那个时代，女性是采集者。她们需要通过在绿叶中识别红色和黄色来寻找食物（Regan et al，2001）。这一进化中的角色引发了未来女性对这类颜色的偏好。换言之，因为女性祖先的职责是收集食物，所以女性的大脑才发展出对红色的偏好（图 2-28）。

（2）性别图式理论

一旦孩子们认识到自己的性别，他们就会积极搜集与性别有关的资料并将这些信息集成到性别的概念中去。父母在这一过程中起到了推波助澜的作用。

当代父母常给男孩穿蓝色的衣服，给女孩子穿粉红色的衣服。孩子们会将这些颜色融入他们对男性和女性的图式中（图 2-29）。

图 2-27　自然场景的色彩维度

图 2-28　进化过程中的分工强化了女性的色彩偏好

图 2-29　色彩的性别属性

图 2-30　积极情绪强化不同性别的色彩偏好

因为孩子们觉得颜色有必要符合自己的性别，所以男性会被蓝色所吸引，而女性则会被粉色所吸引。

在一项研究中，研究人员分析了不同年龄的儿童（从 7 个月到 5 岁）随着年龄的增长对粉色的偏好。结果显示女孩对粉红色越来越感兴趣，而男孩则相反（Lo-Bue & Deloache，2011）。随着他们对自己性别的了解越来越多，他们的偏好也随之发生了变化。

（3）生态效价理论

生态效价理论（EVT）（palmer & schloss，2010）认为，随着时间的推移，我们对颜色的情感体验决定了我们对颜色的偏好。一个人从特定颜色物体的体验中获得的快乐和积极影响越多，他就越倾向于喜欢这种颜色。在实验中，研究者用不同颜色的笔配上愉快或不愉快的音乐。在实验结束时，参与者更有可能把与愉快的音乐搭配的彩色钢笔带回家（Gorn，1982）。

当给男孩们蓝色的玩具，给女孩们粉红色的玩具。从很小的时候起，孩子们就会对这些颜色产生积极的情感。男性喜欢蓝色，而女性喜欢粉色。这些积极的情绪反过来又决定了他们对颜色的偏好（图 2-30）。

（4）联想网络理论

颜色是如何获得语义的呢？为什么我们会把红色与激情和浪漫联系在一起？或者为什么我们把黑色和哀悼联系在一起？答案在于联想网络理论（Bower，1981）。我们的大脑包含一个联想网络，一个相互关联的知识网络（图 2-31）。

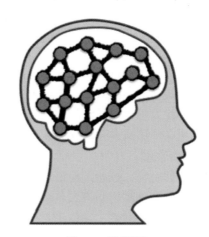

图 2-31　联想网络

在这个网络中，每个圆形节点代表一个知识单元，根据节点之间的相似程度，节点之间相互连接。更强的相似性会产生更强的联系。在人的一生中，会不断地发展大脑的联想网络。

人的大脑会根据自己的体验与经历修改与之相联系的色彩。假设一个人被一辆蓝色的车撞了，大脑很可能会将痛苦的感受与蓝色连接在一起，赋予蓝色一个新的含义（图 2-32）。

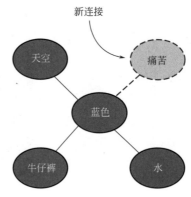

图 2-32　体验与经历赋予色彩感受

2.5 课后练习

（1）请借助色彩三要素的概念对你最喜欢的色彩进行描述，并尝试结合影响色彩偏好形成的理论分析你喜欢这种颜色的原因。

（2）请选取一个你熟悉或喜爱的室内空间对其进行色彩分析，指出空间的主色与辅色，并从色彩混合或色彩间相互影响的角度对此空间的色彩设计进行分析评价，并进一步提出你的修改建议。

（3）简述你了解到的利用色彩视错觉进行产品或空间设计的案例，并分析其设计手法的优缺点。

第三课　色彩C（提升篇）

3.1　本课导学

3.1.1　学习目标

（1）了解不同的色彩命名方式；

（2）熟练掌握孟塞尔色彩体系的色彩命名方法；

（3）了解对色彩进行测度的方法；

（4）了解中国传统色彩体系及背后的文化内涵；

（5）了解色彩研究理论体系演进的大致脉络以及重要学者的主要观点或发现。

3.1.2　知识框架图

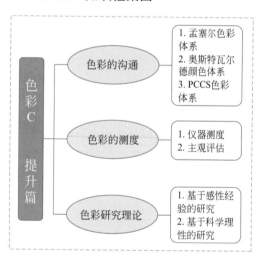

3.1.3　学习计划表

序号	内容	线下学时	网络课程学时
1	色彩的命名		
2	色彩的测度		
3	色彩研究理论		

3.2　色彩的沟通

对色彩进行命名是为了让色彩能够被更好地沟通和传递。西方的颜色工作者们很早就意识到将颜色进行标准化命名和描述的重要意义。因为生活中每个人都有自己的一类描述颜色的方式，带有强烈的主观性，这必然带来沟通的不便。在这个背景下，色彩标准体系的建立就显得十分重要（图3-1）。

图3-1　生活中色彩命名的主观性与模糊性

3.2.1　孟塞尔颜色体系

1898年，美国画家阿尔伯特·亨利·孟塞尔（Albert Henry Munsell）创造的色彩体系（Munsell colorsysetm）至今仍然是国际公认的标准，为许多现代色彩体系提供了理论基础。

孟塞尔色彩体系中，每种颜色都可以用色相、明度、饱和度来描述，即每种颜色的标注方式都是用数字来表示颜色的三个属性的，这样就很容易根据规律判断出是哪一个具体的颜色。孟塞尔色彩体系强调视觉的等感觉差，不仅使用于色彩标定和管理，同时也作为一种标准与工具去界定色彩关系，评价配色效果，记录色彩形态（图3-2、图3-3）。

在孟塞尔颜色体系中，颜色名称不是按"深红色"或"冷绿色"这样的颜色名

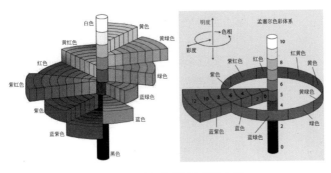

图 3-2 孟塞尔色彩树和颜色空间

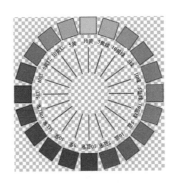

图 3-3 孟塞尔颜色体系中的基本色是能够形成视觉上的等间隔的红（R）、黄（Y）、绿（G）、蓝（B）、紫（P）五种颜色，再把他们中间插入黄红（YR）、黄绿（GY）、蓝绿（BG）、蓝紫（PB）、红紫（RP）五种颜色，组成十种颜色的基本色相

色相(10R)　　明度(7)　　彩度(6)

图 3-4 孟塞尔颜色体系中对一个颜色按照色相、明度、宝和地的数值标定

称，而是按顺序描述其色相，明度和饱和度。以"10R 7/6"颜色为示例，该颜色是浅橙色，具有中等色度（图 3-4）。

"10R"是色相，表示红色偏向橙色而不是紫色。7 是明度的值，比中间的灰色高两级；6 是饱和度，比较强（图 3-5）。

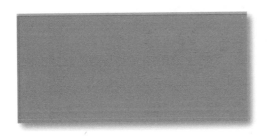

图 3-5 10R 7/6 数值对应的颜色

根据孟塞尔系统，美国色彩研究学会（Inter Society Colour Council，ISCC）提出一套色名分类方法 ISCC-NBS（Inter-Society Color Council-National Bereau of Standard），由美国国家标准局（National Bereau of Standard，NBS）整理而成。

3.2.2 奥斯特瓦尔德颜色体系
和孟塞尔颜色体系注重人对色彩的思维逻辑特征不同，德国化学家奥斯特瓦尔德（Wilhelm F. Ostwald，1853～1932年），依据德国生理学家赫灵 Hering 的四色学说，采用色相、明度、纯度为三属性，建构了以配色为目的的色彩系统（图 3-6）。

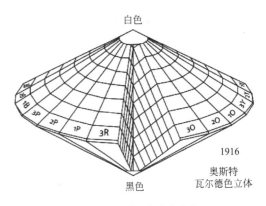

图 3-6 奥斯特瓦尔德色立体

红、黄、绿、蓝四个主色，黄与蓝、红与绿为两对视觉互补色。增加 4 个间色，扩展为黄、橙、红、紫、蓝、蓝绿、绿、黄绿 8 种基本色，每一基本色再分3 个色阶，这样就组成了 24 色的色相环（图 3-7）。

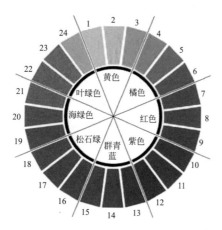

图 3-7 奥斯特瓦尔德色立体的色相

3.2.3 PCCS 色彩体系

日本色彩研究所 1964 年推出的表色体系（PCCS，Practical Color Co-ordinate System）引入了"色调"的概念来表达由明度与饱和度无法直观表示的色彩印象，进一步展示了每一个色相的明度和饱和度关系。

PCCS24 色色相环同样注重视觉上的等距离差（图 3-8）。

3.2.4 NCS 自然色彩系统

NCS 是 Natural Color System（自然色彩系统）1964 年由瑞典色彩中心基金会研发的，同样是基于赫灵提出的颜色感知学说。黑、白、红、绿、黄、蓝色是 NCS 的 6 个基本色（图 3-9）。

3.2.5 RAL 劳尔色彩系统

有将近 90 年历史的 RAL 劳尔色彩标准是 1927 年由德国 RAL 公司研发并逐渐完善的，一直以来是欧洲建筑、室内、工业领域的标准。RAL 色相环有 36 个基础色，按照等距离排布，每个颜色按照色相、明度、饱和度标注数字，非常方便查找和对照（图 3-10）。

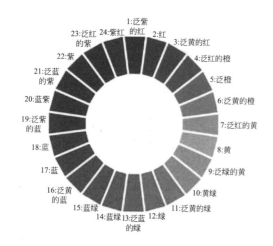

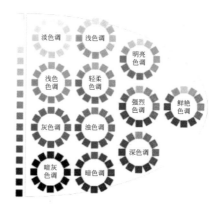

图 3-8 PCCS 颜色体系

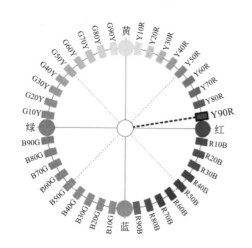

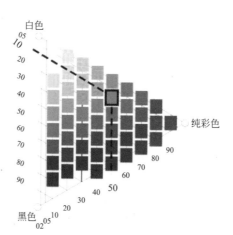

图 3-9 NCS 自然色彩系统

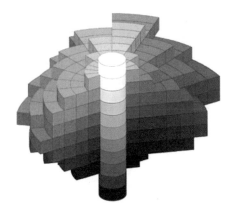

图 3-10　RAL劳尔色彩体系

3.2.6　中国应用色彩体系

中国纺织信息中心联合国内外色彩专家和时尚机构，在中国人视觉试验数据基础上，经过 20 年潜心研发建立了中国应用色彩体系。

中国应用色彩体系的基本原理基于百年的色彩方法论，构建了一个科学调和的、均匀完整的、可技术复现的色彩设计系统（图 3-11）。

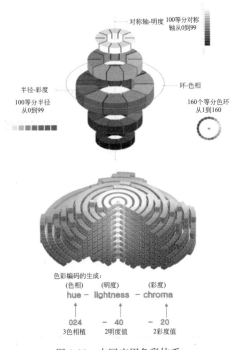

图 3-11　中国应用色彩体系

基于色相、明度、饱和度三个属性，中国应用色彩体系定义了一个涵盖 160 万颜色数据的色彩空间，并且以人眼看颜色方式命名每个颜色：每个颜色都有相应的 7 位数字编码，分别代表色相、明度与饱

和度。体系由圆周维度 160 阶色相、纵轴 100 级明度阶、横轴 100 级彩度阶构成。

另外，还有一些颜色沟通的工具例如 Pantone 潘通，室内涂料领域各品牌研发的色卡等，都是为了方便有效地进行颜色沟通而诞生的工具。

所以说，使用标准颜色系统用于颜色记录和传递具有一定的优势：可以简单，准确地指定颜色，便于直观地理解色相、明度和饱和度，提高色彩沟通效率。

3.3　颜色的测度

3.3.1　仪器测度

为了准确地测度物体的颜色，需要使用分光光度计或比色计。这些颜色测量仪器可以量化物体的颜色，避免受人眼主观性的影响（图 3-12）。

图 3-12　颜色测量仪

其原理是测量物体的反射率。反射率是试样上的反射光和入射光的辐通量比率。非光源的物体之所以能够呈现颜色，是对光的选择性吸收的结果。可见，对于非光源的物体色，照明光的颜色会对物体的颜色产生很大的影响。为了明确地表示物体色，国际照明委员会 CIE 规定了几种标准的光谱分布，叫作"标准施照态"。如果光源的光谱分布符合标准施照态，就

可以认定为标准光源。CIE 规定的标准施照态有 A、B、C、D（包括 D55、D65、D75 等）和 E。现在用来代表日光的主要是 D65。

颜色标准体系在 1931 年被 CIE 推荐使用，多年来一直在改进。CIE L* a* b*（CIELAB）是国际照明委员会在 1976 年提出的均匀色空间。它可以描述人眼可见的所有颜色，是一个与设备无关的色空间并被广泛接受和使用。CIELAB 色空间的三个基本坐标分别代表颜色的明度，红绿色坐标和黄蓝色坐标。

基于反射率的颜色评估与沟通在过去数十年里非常成功。通常，该系统包括一个计算机驱动的、带有颜色质量控制和配方预测的软件，以及分光光度计，它具有颜色计算、色差比较、颜色配方预测等基本功能。颜色数据将被测量并保存为一个文件，并可以通过电子邮件或其他网络应用程序发送给合作伙伴。这给工业生产体系中的色彩沟通带来了极大的准确性和便利性。就纺织业来讲，约超过百分之四十的颜色样品可以通过这种方式进行沟通。与视觉评估相比，仪器颜色评估更加客观和稳定。

同时，非接触式的颜色影像测量系统，可校正的屏幕及可控制的光源环境，使用者可以十分精确地观察和测量颜色影像。屏幕可被精确的校正，使用者在观察屏幕图像时就像观察实物样品一样。在 CIE 绝对色空间内，数码相机的 RGB 传递标准色（Digital Chart）特征化。任何样品测量时都放在以 D65 光源为标准控制的光源环境中测量。此外，这一系统可以用在多个领域中，例如纺织品、食品、化妆品、饮料、涂料、陶瓷、塑料、皮革、汽车、电子设备等，这些领域无法使用现有的以反射为基础的接触式测量技术机型测量。伴随着先进的颜色和色貌科学技术，以计算机和互联网为基础的影像系统，可以为工业提供更精确的数字化颜色描述和应用。利用数码方式得到的颜色影像结果，使用者可以数字化的创建或评估颜色影像，避免了传统邮寄样品方法的高成本。

3.3.2 主观评估

由此可见，仪器测量颜色的技术已经很成熟，对于受到形状、尺寸、透明度、光泽度以及很多其他因素影响的测量样本，还可以通过非接触式测量设备进行测量。然而，由于人眼判色的机制与仪器截然不同，在两者结果产生分歧的时候，仍有众多颜色问题依赖于主观进行可变的人类视觉评估。而人眼判色的基础，也需要确定严格统一的观察环境，包括固定 D65 光源，一致的观察角度。这样的观察颜色方法，可以在标准光源箱下进行操作，从而减少误差。

3.4 色彩研究理论

3.4.1 基于感性经验的研究

从古希腊开始，亚里士多德（Aristotle，公元前 384～322 年）相信颜色是上帝从天国送来的光线。公元前 350～公元 1500 年，关于颜色的最早已知理论之一就是亚里士多德的《论色彩》（《On Colors》）。他认为所有颜色都存在于黑暗与光明之间的光线中。亚里士多德认为蓝色和黄色是真正的原色，因为它们与生活的极性有关：太阳和月亮，雄性和雌性，刺激和镇静，膨胀和收缩。此外，他将颜色与四个元素关联：火、水、土和空气。他观察了一天中光线变化的方式，并根据这项研究开发了一种线性颜色系统，其范围从午间的白光到午夜的黑光。这个理论是几个世纪以来颜色理论家建立颜色体系的典型代表。《论色彩》有一系列重要的发现，例如他通过观察云层发现"黑暗根本不是一种颜色，而只是没有光"（图 3-13）。

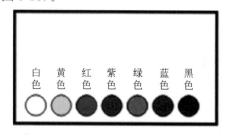

图 3-13 亚里士多德指出的七种颜色

对于亚里士多德，正如他自己在他的论文《感性与感性之物》（On Sense and Sensible Objects）中明确指出的那样，黑白两色加上中间的颜色是七种。

亚里士多德对颜色的理论一直影响后世并应用了两千年，直到牛顿在17世纪的光学物理发现才被取代。15世纪时，随着人本主义思想和马丁·路德（Martin Luther）的出现，教堂失去了对知识的控制，许多学科"走了自己的路"，导致艺术与科学的分离。色彩的进一步研究似乎已经放在"科学"阵营中。艺术家一直被认为具有天生的本能，直到19世纪艺术家主动拥抱颜色科学，同时又有生理学家、心理学家的贡献，才使得颜色的科学与应用能如此完美地与艺术结合。

13世纪初的1230年，罗伯特·格洛斯泰斯特（Robert Grosseteste，1168～1253年），牛津大学的第一任负责人，为颜色的历史贡献了一本书，名为《颜色》《De colore》，赋予了颜色新的维度。格洛斯泰斯特翻译了亚里士多德的著作并提出了自己的观点，他开发了一种色彩系统，即当今我们所知的"光的形而上学诠释"的观点。他提出，作为"本原"，光为颜色提供了第一种物理形式，而空间可以通过颜色来感知。格洛斯泰斯特也是第一个区分现在被称为无彩色（即黑色、灰色和白色）和有彩色（所有其他颜色）的人（图3-14）。

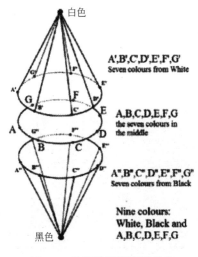

图3-14 格洛斯泰斯特颜色系统

同时期，建筑师里昂·巴蒂斯塔·阿尔贝蒂（Leon Battista Alberti，1404～1472年）在1435年推出4种颜色红、绿、黄、蓝构成的一个矩形和一个双金字塔颜色系统（图3-15）。

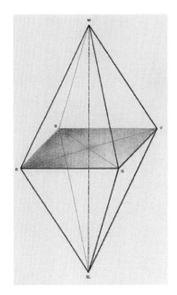

图3-15 阿尔贝蒂颜色系统

1510年左右列奥纳多·达·芬奇（Leonardo da Vinci，1452～1519年）推出《六种颜色》（colori semplici）。达·芬奇通过黄色和蓝色的混合得到绿色，这是颜色混合的雏形。

比利时物理学家弗朗西斯·阿奎隆纽斯（Franciscus Aguilonius，1567～1617年）在1613年发表了红色、黄色和蓝色三原色的最古老的系统。阿奎隆纽斯的弓形颜色系统第一次指明混合颜色所带来的可能性。在研究光学教科书"Opticorum libri sex"时，阿奎隆纽斯与荷兰画家保罗·鲁本斯（Paul Rubens）合作，对绘画中白色包含所有颜色的观点，研究了巴伐利亚的矿物学家艾尔伯图斯·麦格努斯Albertus Magnus（1200～1280年）13世纪的论文，《白色中包含了所有的颜色，所以人们可以想象地球的样貌》（图3-16）。

同时，在1611年，出生于芬兰的占星家、物理学家阿伦·西格佛里德·福修斯（Aron Sigfrid Forsius，1569～1624年）提出，颜色可以是有秩序排列的。他开发了

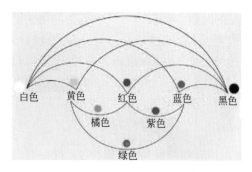

图 3-16　阿奎隆纽斯颜色系统

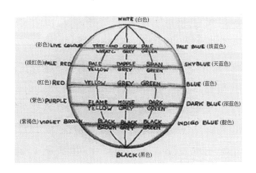

图 3-17　福修斯色球

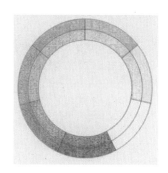

图 3-18　佛罗德彩色轮

图 3-19　基歇色谱

一种系统，该系统以红色、黄色、绿色、蓝色和灰色这5种颜色开始，分级接近白色或黑色，也就是明度的变化（图3-17）。

可以说，福修斯构造了第一个绘制的颜色系统，由此为现代色彩系统奠定了基础。这本发表了色球的手稿直到20世纪才在斯德哥尔摩的皇家图书馆中被发现，最终在1969年的国际色彩会议上呈现。

如果说福修斯是第一个手绘颜色系统，那么第一个印刷色轮的便是英格兰的罗伯特·佛罗德 Robert Fluddy（1574～1637年）。这个色环以蓝色、绿色、红色和两种黄色的五个颜色组成，并给出了它们相对于黑白的位置（图3-18）。

1646年，教授数学和希伯来语的德国人亚撒纳修斯·基歇（Athanasius Kircher，1601～1680年）通过对自然界颜色的研究，将色彩视为"光与影的真正产物"，并补充说色彩是"阴影光"，而"世界上的任何事物都只能通过阴影光才能看见"。基歇发表了包括红色，黄色，蓝色，黑色和白色的色谱（图3-19）。

3.4.2　基于科学理性的研究

可以说，17世纪以前的色彩理念都是主观的，是哲学、神学、宗教的概念，是我们对颜色文化的理解。现代科学的诞生大约在16世纪，在艾萨克·牛顿 Isaac Newton（1642～1724年）的著作问世之前，对色彩的研究可以说都是缺乏科学意义的色彩理论。正是牛顿，引领了一种更理性思考颜色的方式，一种基于观察而非意识形态的方式。

牛顿于1672年提出了"光与色的新理论"，通过光学实验，证明白光的原始成分是不同的颜色。牛顿根据乐谱为光谱选择了7种颜色，并根据强度为其分配了面积（图3-20、图3-21）。

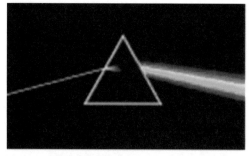

图 3-20　牛顿的光学实验证明白光由不同的光谱颜色组成

图 3-21　牛顿基于数学和音乐创建的色轮

1758 年，德国数学家和天文学家托比亚斯·梅耶（Tobias Mayer，1727～1762年）以其精确的测量能力而闻名于天文学，他选择红色，黄色和蓝色作为基本颜色，并考虑到黑色和白色会使颜色变暗和变亮。梅耶的色谱是 91 个色彩三角与明暗的关系，颜色达到 910 个（图 3-22）。

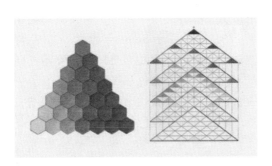

图 3-22　梅耶的颜色三角形

1766 年，即牛顿通过棱镜分离白光的一百年后，一本书名为"自然体系"的书在英格兰出版，其中，英国昆虫学家和雕刻师摩西·哈里斯（Moses Harris，1731～1785 年）通过研究牛顿的理论，尝试"从材料上或画家的角度"解释颜色原理。哈里斯的研究建立在法国人雅克·克里斯托夫·勒勃朗（Jacob Christoph Le Blon，1667～1741 年）的发现之上。勒勃朗以彩色印刷的发明而著称，1731年，在他的工作过程中，他观察到一个今天我们都熟悉的常识：即红色、黄色和蓝色的相加足以产生所有任何颜色。

哈里斯在 1766 年发表了第一个印刷的色相环，从红色到紫色一共定义了 18 种颜色，加上在混合颜色的过程中哈里斯

发现的另外 15 种颜色，按照 20 个不同的饱和度级别，总共创建了 660 种颜色。哈里斯最重要的观察结果是黑色是通过红色，黄色和蓝色三种基本颜色的叠加而形成。关于颜色的混合将在后面展开介绍，也就是说，哈里斯提出的观点并不是基于牛顿的光谱的混合原理（图 3-23）。

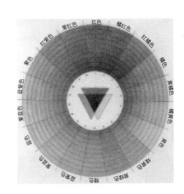

图 3-23　哈里斯发表的第一个印刷的色相环

德国天文学家海因里希·兰伯特（Johann Heinrich Lambert，1728～1777年）在梅耶色轮影响下，于 1772 年提出了第一个三维色彩系统。兰伯特认识到，要扩展梅耶的三角形颜色体系，唯一缺少的就是深度。同样以红色、黄色和蓝色作为基础，兰伯特的金字塔颜色系统总共可以容纳 108 种颜色（图 3-24）。

图 3-24　兰伯特发表的第一个三维色彩系统

同年，奥地利自然学家伊格纳兹席弗米勒（Ignaz Schiffermüller，1727～1806年）基于长期以来对动物，植物和矿物质的观察，在维也纳发表了 12 色的色相环，他给它们起了一些充满想象的名字：蓝

色、海绿色、绿色、橄榄绿色、黄色、橙黄色、火红色、红色、深红色、紫红色、紫蓝色和火蓝色。席弗米勒是最早将互补色彼此相对排列的人之一：蓝色与橙色相对，黄色对应紫色，红色对面是海绿色。色环内的太阳强调了颜色由自然光而来（图 3-25）。

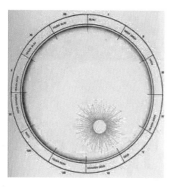

图 3-25　席弗米勒最早将互补色彼此相对排列的色轮

在 19 世纪初，英国人詹姆斯·索尔比（James Sowerby，1757～1822 年）在 1809 年出版的《颜色的新阐释》一书中，以黄、红、蓝三种颜色推出色谱，这一理论中的黄色，后来在现代色彩系统中被绿色所取代。索尔比的研究基于牛顿的颜色理论，他的颜色系统也受到英国医生和物理学家托马斯·杨（Thomas Young，1773～1829 年）在 1802 年提出的理论影响，杨的理论假设眼睛中存在三种类型的感光器分别感知红、绿、蓝。因此我们看到，光的三原色、物体的三原色、加法混色和减法混色等的研究，从此起步并逐渐得到更多人的证实（图 3-26）。

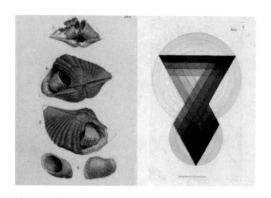

图 3-26　索尔比受到人眼感光机制理论影响发表的色谱

同样受到托马斯·杨理论的影响，1826 年，英国建筑师和画家查尔斯·海特（Charles Hayter，1761～1835 年）提出所有颜色可以从红、蓝、黄这三种基本颜色中混合出来（图 3-27）。

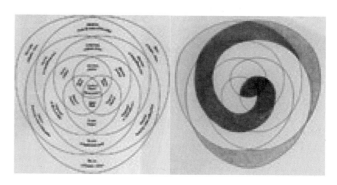

图 3-27　海特的色图

牛顿诞辰 100 年后，约翰·沃尔夫冈·歌德（Johann Wolfgang Goethe，1749～1832 年）"从艺术的角度"拓展颜色知识。歌德的第一部《光学贡献》创作于 1791 年，并于 1810 年出版《颜色理论》。1793 年，歌德绘制了色相环，同时，他用黄色，蓝色和红色画出了若干三角组合，以期望表达出颜色组合的和谐关系。歌德提出，黄色代表"效果、光、亮度、力、温暖、亲密、排斥"；蓝色带有"剥夺、阴影、黑暗、虚弱、寒冷、距离、吸引力"。他主要将颜色理解为"意识范围内的感官品质"，他认为黄色具有"华丽而高贵"的效果，给人"温暖而舒适"的印象，蓝色"给人一种寒冷的感觉"。可以说，歌德的研究标志着现代色彩心理学的开始。歌德最激进的观点之一是对牛顿关于色谱的观点的驳斥，他认为黑色也是具体的，而不是被动地缺乏光。也许是诗人的直觉和一种天生的对审美共同性的联想，才使得歌德专注于探索不同颜色对情绪和情感的心理影响（图 3-28）。

同一年，德国画家菲利普·奥托·朗格（Philipp Otto Runge，1777～1810 年）开发了第一个球形的三维色球。朗格关注的是"颜色相互之间的混合的比例以及颜色之间的和谐性"。朗格的色彩系统曾经在百科全书中被描述为"科学、数学

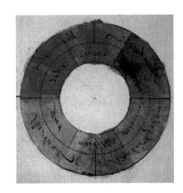

图 3-28　歌德的色环

知识、神秘、魔术组合和符号解释的融合"。他想给所有可能的颜色带来一种秩序感，这种秩序是通过语言以外的其他方式来定义的，因此，朗格当时尝试根据色相和饱和度来排列颜色是一种革命性的方法（图 3-29）。

图 3-29　朗格开发了第一个球形的三维色球

　　在色彩研究的历程中，有一个人对法国艺术家的影响是他人无法超越的，那就是法国人米歇尔·欧根·雪佛勒（Michel Eugène Chevreul，1786～1889 年）。他发现很多颜色受相邻色的影响而改变。达·芬奇可能是第一个注意到相邻颜色会相互影响的人。这就是我们现在了解的"同时色对比"，关于这点，我们也会在书后详细展开。1839 年，雪佛勒发表了文章"颜色的和谐规律和颜色对比"，并建立了自己的色彩系统，该系统的目的就是建立"同时色对比"定律。雪佛勒确信可以通过数字之间的关系来定义许多不同颜色的和谐规则，他希望他的色系能够成为所有使用颜料的艺术家创造美妙色彩乐章的乐器。雪佛勒的色彩系统影响了印象派，新印象派和立体派等艺术流派，深深影响了当时的法国画家罗伯特·德劳内、欧仁·德拉克洛瓦和乔治·修拉。这是我们第一次知晓了大脑

在形成颜色方面的积极作用，让世人了解到，颜色也是在大脑内部世界中创造的效果。从此，颜色的和谐规律探究来到了颜色的历史故事中（图 3-30）。

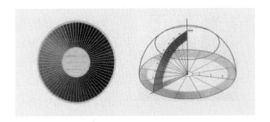

图 3-30　雪佛勒的色彩模型

　　除了颜色互相影响的和谐性，对于颜色能够给心理带来不同的感觉以及从生理角度带来变化，这样的研究是英国化学家乔治·费尔德（George Field，1777～1854 年）在 1846 年出版的有关颜色和谐的著作《色彩》中提出的，红色代表"热"，蓝色代表"冷"，红色"前进"而蓝色"后退"。同样，他发表了自己的颜色系统（图 3-31）。

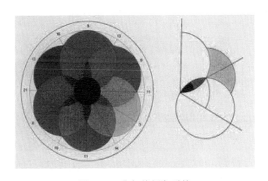

图 3-31　费尔德颜色系统

　　1859 年是科学史上最伟大的年份之一：英国人查尔斯·达尔文（Charles Darwin）阐述了他对物种起源的看法，从而为进化论开辟了道路。同一年，苏格兰物理学家詹姆斯·克莱克·麦克斯韦（James Clerck Maxwell，1831～1879 年）提出了"色觉理论"，在他的颜色测量实验中，麦克斯韦让测试对象判断样品的颜色与三种基本颜色的混合进行比较，也就是今天的"颜色匹配"实验。自麦克斯韦时代起就称为"三刺激值"。

　　这就是定量色彩测量——色度学的起

源。他证明了所有颜色都是由三种光谱颜色红色，绿色和蓝色的混合产生的。麦克斯韦的颜色系统是第一个基于心理物理测量的系统，也是当今的 CIE 系统的鼻祖。值得一提的是，在 1861 年的色彩理论演讲中，麦克斯韦用红色，绿色和蓝色滤镜分别拍照并叠加，诞生了世界上第一张彩色照片（图 3-32）。

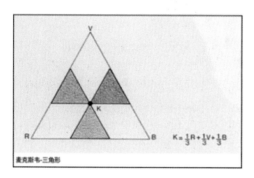

图 3-32　麦克斯韦的基于心理物理测量的第一个颜色系统

德国的赫尔曼·冯·亥姆霍兹（Hermann von Helmholtz，1821～1894 年）是当时自然科学的绝对大师。1847 年他 26 岁发明了光学显微镜。他著名的《心理光学手册》出版于 1860 年，其英文译本出现在 60 年后，享誉世界。书中，亥姆霍兹介绍了三个我们今天熟知的用于表征颜色的变量：色相、饱和度和明度。他是第一个明确证明光的混合与色料混合导致的颜色是不一样的人。为了更好地表达光谱上颜色混合的结果，亥姆霍兹第一次发表了光谱曲线。应该说，重要的是随着当时神经病学等学科的发展，人类对颜色的感知能力逐渐受到关注（图 3-33）。

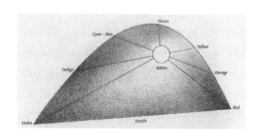

图 3-33　亥姆霍兹色图

威廉·冯·贝索德（Wilhelm von Bezold，1837～1907 年）是慕尼黑的气象学

教授，他在 1874 年发表了专著《艺术中的色彩理论》，创建了基于感知的圆锥形的色彩系统。尽管他关注科学和科学量化，但贝索德更希望他的颜色系统能帮助画家和调色师在艺术与设计的领域有所作用（图 3-34）。

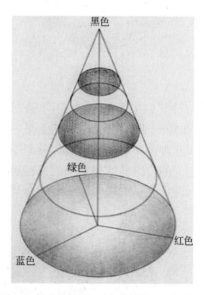

图 3-34　贝索德的基于感知的圆锥形的色彩系统

心理学在 19 世纪末期作为一门新兴科学出现。它的早期先驱之一，德国的心理学家威廉温特（Wilhelm Wundt，1832～1920 年）建立了心理学的实验分支，成为实证科学方式，并在研究生涯中为《生理心理学》奠定了基础。1874～1893 年，温特推出了两种不同的色彩系统（图 3-35）。

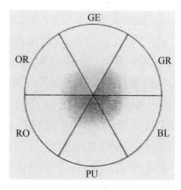

图 3-35　温特色图

虽然，到 19 世纪中叶，基于麦克斯韦在 1867 年和亥姆霍兹在 1859 年的实验，已经揭示了通过三种感应红色、绿色、蓝色的感光体来解释颜色，但依然无法解释为什么

人眼可以看到那么多颜色。1878 年，生理学家埃瓦尔德·赫灵（Ewald Hering，1834～1918 年）发表了他的《对光的敏感性理论》，提出了黑色白色、红色绿色、黄色蓝色"六种基本感觉的合体"，它们相互对立，这个研究结论一直沿用至今。同时，赫灵发表了称其为"自然的色彩感觉系统"的颜色顺序，构成了当今 NCS 即"自然色彩系统"的前身。彩色圆圈的顺序表示四种"基本"颜色的位置，以及任意两种基本颜色可以混合的比例（图 3-36）。

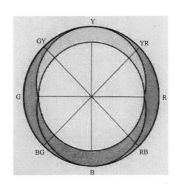

图 3-36　赫灵按"自然的色彩感觉系统"的颜色顺序发表的色轮

1880 年左右，艺术与科学界之间开始了新的对话，印象派的鼎盛时期即将结束。在接下来的几年中，新印象派画家们为了在艺术理论上有所建树，积极参与颜色科学的探索。而当时亥姆霍兹、贝索德等这些物理学家的成果使当时艺术家探索颜色变得更为方便。1879 年，法国艺术评论家查尔斯·布兰克（Charles Blanc，1813～1882 年）根据雪佛勒的"同时色对比"定律，结合画家欧仁·德拉克洛瓦的想法，推出一个呈现出六个相对三角形的圆，包括了加法混色与减法混色的两种三原色（图 3-37）。

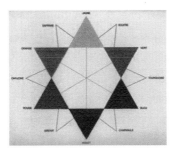

图 3-37　布兰克的六个相对三角形组成的颜色系统

研究物理学的美国尼古拉斯·奥德根·罗德（Nicholas Odgen Rood，1831～1902 年）的著作《现代色彩学》（Modern Chromatics）于 1879 年问世，其副标题为《艺术与工业应用》。罗德宣布："以简单而全面的方式介绍事实，这是艺术家运用色彩的基础"。在书中，罗德创建了一个科学性的色相环，在麦克斯韦理论的基础上，通过旋转色环的实验，以数学图表式的精确刻度，表现了一个颜色在其互补色对面的位置（图 3-38）。

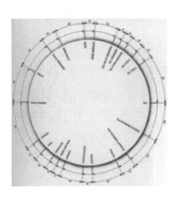

图 3-38　罗德以数学图表式的精确刻度体现互补色的色相环

1890 年，法国植物学家和自然主义者查尔斯·拉科特（Charles Lacoutre，1832～1908 年）出版了《色彩学》，并创建了一个以红色、蓝色、黄色三基色，以花瓣状展开的颜色体统以体现颜色的混合，他称之为"三叶花"（图 3-39）。

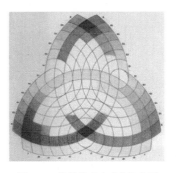

图 3-39　拉科特"三叶花"色图

1897 年，奥地利教育家兼哲学家阿洛伊斯·霍夫勒（Alois Höfler，1853～1928 年）的教科书《心理学》问世，书中他创建了两个颜色系统，分别是三角形和矩形的金字塔形状。这也是被后来很多心理学教科书引用的颜色系统（图3-40）。

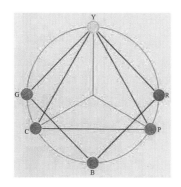

图3-40　霍夫勒颜色系统

20世纪伊始，德国认知心理学家赫尔曼·艾宾豪斯（Hermann Ebbinghaus，1850～1909年）创建了双金字塔形状的颜色系统。艾宾豪斯于1893年在《时代心理学》杂志上发表的《色彩视觉理论》指出：色彩感知只能借助"更高的心理过程"来实现。长期以来，埃宾豪斯双金字塔代表着色彩现象学的最后据点，随后，色彩研究的进程中终于确定了颜色不再是物理世界里的简单解释，而是拥有复杂的心理因素的解读（图3-41）。

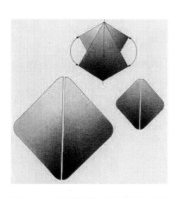

图3-41　艾宾豪斯创建的双金字塔形状的颜色系统

美国鸟类学家和植物学家罗伯特·里奇韦（Robert Ridgway，1850～1929年）在穿越自然世界的探索旅程中，遇到了多种颜色。随着时间的流逝，他意识到只有通过某种形式的标准化，才能科学地描述颜色所需的准确性。因此，他在1912年发表了名为《色彩标准和命名》的颜色系统。里奇韦的系统利用了加法混色原理，通过将白色或黑色与整个彩色圆圈中的159种颜色进行渐进式混合，创建了1113种颜色加上两端的黑白，共计1115种标准颜色的系统，这也是现在著名的Pantone潘通色卡的前身（图3-42）。

图3-42　里奇韦颜色系统

20世纪颜色的历史故事到这里已经逐渐为我们熟悉，美国画家阿尔伯特·亨利·孟塞尔（Albert H.Munsell，1858～1918年）在1915年初创造了具有历史意义的最重要的彩色体系之一"孟塞尔色立体"。他将色彩空间划分为三个维度：色相、明度、饱和度，并以等距离的步长渐变。孟塞尔用数学语法而不是颜色名称来表示颜色在颜色空间中的位置。孟塞尔的色彩体系以前所未有的方式将艺术与科学联系在一起，1942年，美国标准组织（American Standards Organisation）推荐将其作为颜色标准，孟塞尔颜色标准，至今依然是众多颜色应用体系的基础。

后期，还有德国的诺贝尔化学奖得主威廉·奥斯特瓦尔德Wilhelm Ostwald在1916年出版了《色彩》，展开对色彩和谐的研究；加拿大画家米歇尔·雅各布斯Michel Jacobs于1923年撰写了《彩色艺术》；奥地利染色师马克斯·贝克Max Becke在1924年出版了《色彩自然理论》；美国色彩理论家亚瑟·波普Arthur Popel在1929年创建了实用性色立体；

同年，美国心理学家埃德温·鲍林 Edwin G. Boring 提出现象学色彩体系。

人们越来越需要一种确定颜色的客观方法来定义颜色。在颜色感知的研究中，CIE 1931 XYZ 色彩空间（也叫作 CIE 1931 色彩空间）是其中一个最先采用数学方式来定义的色彩空间，它由国际照明委员会（CIE）于 1931 年创立（图 3-43）。

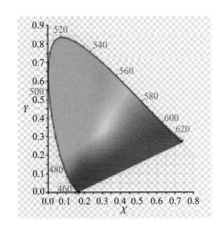

图 3-43　CIE 1931 色彩空间

20 世纪初期的许多欧洲艺术运动都对艺术的主观体验产生了浓厚的兴趣，德国的包豪斯学校教职工包括约翰内斯·伊顿 Johannes Itten，约瑟夫·阿尔伯斯 Josef Albers，瓦西里·康定斯基 Vassily Kandinsky，蒙德里安 Mondrian 和保罗·克利 Paul Klee 等名人，引领色彩技术与艺术完美融合。伊顿撰写的《色彩的艺术》和阿尔伯斯撰写的《色彩的互动》色彩著作，至今影响着设计师和艺术家们。

包豪斯大学对色彩的研究和课程是由各种先前发展的艺术、心理学和科学色彩理论构成，并通过实践练习进行了测试和创新。伊顿创建了一个彩色的星星，对画家朗格的色球重新诠释，构成了"预备课程"中色彩教学的基础。当然，色星只是包豪斯大师们和学生通过教学交流开发的标准色轮的众多变体之一（图 3-44）。

瓦西里·康定斯基（Vassily Kandinsky）来包豪斯之前已经是色彩理论方面

图 3-44　伊顿创建的彩色的星球

的著名专家。他撰写的《艺术中的精神》一书建立了特定颜色和形式之间独特的情感和精神联系。

与康定斯基认为形式和色彩之间有必不可少的联系不同，阿尔伯斯坚持认为，"色彩作为艺术中最相关的媒介，具有无数的面孔或外观。研究他们彼此之间的相互作用，相互依存关系，将丰富我们的视线、我们的世界以及我们自己"（图 3-45）。

图 3-45　约瑟夫·阿尔伯斯的丝网印刷品《向广场致敬》（Hommage to the Square）：1955 年

就像歌德一样，伊顿认为重要的是色彩的主观体验。他的主要贡献就是十二色的色相环，至今还是设计师和艺术家常使用的工具。阿尔伯斯则更关注色彩的高度动态性，以及与人类如何感知色彩的关系。

3.5 课后练习

（1）请挑选出三种你喜爱的颜色，并通过孟塞尔色彩体系对其进行命名描述，给出相应的孟塞尔数值。

（2）请简述牛顿在色彩研究领域的主要贡献。

（3）请简述色彩研究理论在发展过程中大致经历了哪两个不同的阶段。

第四课　材料 M（基础篇）

4.1　本课导学

4.1.1　学习目标
（1）了解材料的基本定义；

（2）熟悉材料的不同分类方法；

（3）熟悉室内各类"温暖材"与"硬冷材"的材料特性，包括优点与缺陷；

（4）掌握不同类型"温暖材"与"硬冷材"在设计实践中的应用方法与注意事项。

4.1.2　知识框架图

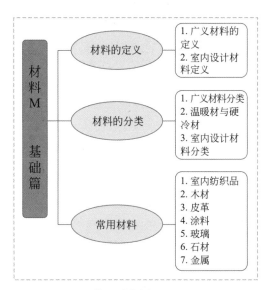

4.1.3　学习计划表

序号	内容	线下学时	网络课程学时
1	材料的定义		
2	材料的分类		
3	常用材料		

4.2　材料的定义

4.2.1　广义材料的定义
人类用于制造物品、构件、机器或其他产品物质的总称为材料。材料是人类赖

以生存和发展的物质基础，因此，总与一定的使用场景联系在一起，可由一种或几种物质构成。由于制备工艺或加工方式的不同，即便是同一种物质，也可能成为用途迥异的具有不同性能的材料。

材料、信息与能源在 20 世纪 70 年代被誉为文明的三大支柱。其后，因为材料与国民经济、国防建设和人民生活的密切联系，20 世纪 80 年代以高技术群为代表的新技术革命又将新材料、生物技术和信息技术并列为新技术革命的重要标志。

4.2.2　室内设计材料的定义
室内设计材料是实现室内设计师想法、创意的重要媒介，结合特定的施工工艺实现空间的各种既定效果。具体而言室内设计材料指支撑围合各界面的饰面材料与构造材料。在改善室内艺术环境、使空间使用者得到审美享受的同时还兼有防潮、防火、绝热、隔声、吸声等多种功能，起到延长建筑使用寿命、保护建筑主体结构以及满足某些特殊需求的作用，是现代室内饰面、陈设与构造中不可缺少的一类材料。

做出有创意的方案是室内设计成功的先决条件之一，同时，熟悉和掌握材料与工艺也是必须的基础。一切方案的落实都离不开材料与施工，只有熟悉了材料和工艺，方案才有可能实现创新的多样性。

4.3　材料的分类

4.3.1　广义材料的分类
由于材料具有多样性，分类方法也就没有一个统一标准。

（1）按物理化学属性来分

可分为金属材料、无机非金属材料、有机高分子材料和不同类型材料所组成的复合材料。

（2）按用途来分

分为电子材料、航空航天材料、核材料、建筑材料、能源材料、生物材料等。

（3）按结构材料与功能材料

结构材料对物理化学性能的要求一般集中在如热导率、抗辐照、光泽、抗氧化、抗腐蚀等，这类材料是以力学性能为基础用以制造受力构件所需的材料。功能材料则主要是利用物质的独特物理化学性质或生物功能等而形成的一类材料。如铁、铜、铝等材料往往既可以是结构材料又可以是功能材料。

这种分类方式也是一种更为常见的分类方法。

（4）传统材料与新型材料

如钢铁、水泥、塑料等在工业中已形成批量生产并得到大量应用的较为成熟的材料一般称为传统材料。由于用量大、涉及面广，这类材料又是很多支柱产业的基础，因此，也称基础材料。

与此相对的，新型材料则是指那些正在发展且具有优异性能和应用前景的材料。传统材料与新型材料之间往往没有明确界限，通过新技术的运用与性能的提高，传统材料可以转化成为新型材料；同样的，新材料经过长时间的生产与应用也可能演变为传统材料。传统材料是发展高技术与新材料的基础，而新材料又往往可以推动传统材料的进一步发展。

4.3.2 温暖材与硬冷材

历史中，中外室内设计师经过长久的设计实践，通过"温暖"与"硬冷"这组通俗易懂的概念相对准确地捕捉到了室内设计与建筑设计领域关于用材的核心差异，即：室内设计中常用到"温暖材"，而室内设计中与建筑构造相关的"硬装"部分则常用到"硬冷材"。

（1）"温暖材"

"温暖材"通常包括木材、纺织物、涂料、皮革等更能让空间使用者产生温暖感与亲近感的材料。"温暖材"让人产生放松、舒适的体验从而使人们更愿意长时

间感受、接触与停留。"温暖材"在室内设计中与人的各部位身体"紧密接触"，类似服装中的"内衣系列"。室内空间相对紧凑、狭小，与室外空间中人们的活动多依赖视觉不同，在室内空间中的活动，身体的触觉占很大份额，所以，能同时满足视觉与触觉舒适感的"温暖材"成为室内设计、室内陈设中的主要材料。

（2）硬冷材

相对的，室内设计中与建筑构造、建筑围合（如墙面、地面）相关的材料为"硬冷材"。"硬冷材"通常包括金属材、石材、瓷砖、玻璃等质地较为坚硬、冰冷的材料。"硬冷材"是室内设计中维持物理指标（温度、湿度、隔声、防潮等）的重要保证（图4-1）。

设计领域	建筑设计	室内设计
用材核心特征	硬冷材	温暖材
材料类别	钢铝、石材、瓷砖等	木材、纺织物、涂料等

图 4-1 硬冷材与温暖材
（图片来源：编著者自绘）

4.3.3 室内材料的分类

（1）按部位分类

按材料在室内空间中使用部位的不同进行划分是一种常见的室内材料分类方式。如地面材料、墙柜体材料、顶部材料、装饰线、连接件及胶粘剂等若干类。但这种分类方式存在一些缺陷，例如，当一种材料既可以用到室内也可以用到室外，或既可以用到墙面也可以用到地面时人们就会对相应材料的分类归属产生疑惑，因此这种分类方式有其局限性。

（2）按不同功能分类

按照所起到功能的不同可以分为吸声材料、隔热材料、防水材料、防霉材料、防潮材料、防火材料、耐酸碱材料以及耐磨材料等若干类（图4-2）。

（3）按不同材质分类

可将材料分为石材、木材、涂料、金属、玻璃、陶瓷、纺织品、皮革以及装饰

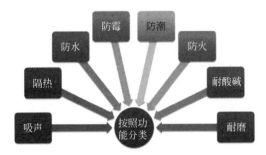

图 4-2　按照功能分类

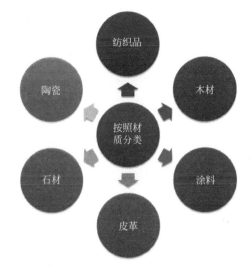

图 4-3　按照材质分类

（图片来源：编著者改绘）

品等几大类别。因为这一分类方式更多依托于材料本身的物理化学属性，因此，这种方式的划分边界较为清晰（图 4-3）。

4.4　常用设计材料介绍

本教材重点关注与人接触更为密切的室内设计"温暖材"，并依托边界更为清晰的"按材质分类"的角度对常见材料进行分类介绍。

4.4.1　室内纺织品

在室内设计的"温暖材"中"纺织品"是核心构成之一，在构建室内空间色彩环境氛围上纺织品扮演了最重要的角色。室内纺织品相较于其他纺织品类别（如衣着用纺织品与工业用纺织品）在肌理纹样、品种结构与配色等方面都有更高的丰富度，一定程度上可以将其视为工艺美术品或艺术品。

从成分上看，室内纺织品分天然纺织品和人造纺织品两类，天然纺织品有棉、毛、丝、麻；人造纺织品有涤纶、腈纶、锦纶等。从工艺上看，室内纺织品分为提花（大提花、小提花）纺织品与印花纺织品，这些都是床品和窗帘的常用工艺。从肌理纹样上看，纺织品又包含了大花回和小花回的连续纹样，有几何形、花卉植物主题等。从品类上看室内纺织品又可分为床上用品、沙发套、地毯、窗帘、壁毯、茶巾、台布等。

（1）地毯

通常认为地毯起到美化室内空间环境的装饰作用，然而它的实际功能远不止于此，还有诸如降噪吸声、防滑防摔、隔热保温、储尘净气、防地面破损等重要功能。

室内设计过程中在地毯的选择上首先要考虑地毯的材质，这直接关系到后续的打扫维护。总体而言，地毯有天然纤维、棉麻材质和化学纤维三大类，具体又可分为羊毛地毯、牛皮地毯、黄麻地毯、棉麻地毯、化纤地毯以及混纺地毯等几大常见类型（图 4-4～图 4-6）。

图 4-4　羊毛地毯（左图）与牛皮地毯（右图）

羊毛地毯在质感、保温、降噪、吸水等特性上较好，但较难打理，不宜在潮湿易发霉地区使用；牛皮地毯耐磨、抗虫、触感好易打理。

（图片来源：飞墨设计）

在铺设位置方面地毯也展现出了较强的适应性与灵活性，在入户玄关、客厅、餐厅、卧室以及浴室等空间中均可铺设。恰当的材质选择、良好的肌理色彩搭配可以让空间呈现优越的环境氛围（图 4-7～图 4-11）。

图 4-5　黄麻地毯（左图）与棉麻地毯（右图）
作为一种植物纤维黄麻在保有自然原始风情的同时还具有吸尘、抗静
电、隔声的功能。日常打理时不宜用水防止变形；抗虫耐霉、色彩丰
富、透气性强等是棉麻地毯的优势。但两种地毯的脚感均较粗糙。
（图片来源：飞墨设计）

图 4-6　化纤地毯（左图）与混纺地毯（右图）
化纤地毯具有抗虫、抗污、保温、强度高等特点，耐磨且富有弹
性，便于清洁；混纺地毯通常由合成纤维与羊毛制成，具有化纤
地毯优点的同时兼顾羊毛的手感。
（图片来源：飞墨设计）

图 4-7　玄关处地毯铺设
作为连接室内外的重要节点，在玄关处铺设地毯可以起到
雨天防水、晴天防尘的重要作用，因需定期更换，因此不
必选择贵重材质。
（图片来源：飞墨设计）

图 4-8　客厅地毯铺设
地毯铺设频率最高的区域是客厅，选购时应注意与周边
色调的统一。若面积大或采光好可选深色，反之更宜
浅色。
（图片来源：飞墨设计）

图 4-10 卧室地毯铺设
卧室也是地毯铺设的高频区域，铺设时应以舒适、易打扫为考虑的核心方面。
（图片来源：飞墨设计）

图 4-9 餐厅地毯铺设
在就餐区铺设地毯可以很好地保护因座椅频繁挪动对地板产生的磨损。选择时也应考虑地毯色彩、造型与周边环境的关系。
（图片来源：飞墨设计）

图 4-11 浴室地毯铺设
在浴室放置吸水性较好的地毯可以有效防止沐浴后打湿外部空间并有效防止摔跤跌倒。
（图片来源：飞墨设计）

（2）沙发床品

沙发与床品是室内设计中功能属性最强的两类，同时其色彩、材质与肌理的相互配合又能在一定程度上决定一个空间色彩氛围的走向，对室内环境氛围的营造起到决定性作用。在对沙发与床品进行搭配设计时不仅要从实用功能的角度出发，还要在满足功能性的同时兼顾色彩、材质与肌理的配合，使空间视觉效果和谐美观。优秀的色彩搭配不仅能让客厅呈现更高级的美更能彰显主人良好的色彩审美品位（图 4-12～图 4-17）。

（3）窗帘

窗帘是营造家居氛围的重要一环，在提高整体空间气质的同时还能形成轻松、舒适的环境氛围。好的窗帘应满足实用性、艺术性、符合使用习惯以及满足健康环保等条件。实用性体现在能满足遮光率要求、保护隐私、保温隔热等方面；艺术性体现在面料的选择、与家居空间的匹配性等方面；符合使用习惯主要体现在符合

年龄、性别、生活习惯与喜好等方面；健康环保体现在各项指标达到环保健康要求。

图 4-12 亲自然的沙发床品搭配
丰富的表面肌理配合石色、土色等自然色彩营造亲近自然的室内色彩氛围。
（图片来源：家乐铭品）

窗帘的材质与种类繁多，材质有棉麻、丝绸、纤维等，种类有纱帘、百叶帘、线帘等，需要根据室内设计的整体风格进行搭配，可以让空间保持统一的基调（图 4-18～图 4-24）。

图 4-13　简约时尚的沙发床品搭配
浅色的沙发床品与简洁的家具营造实用
高效的色彩环境。
（图片来源：家乐铭品）

图 4-14　抽象化与概念化的沙
发床品搭配
活泼的色彩与抽象的图案形成
生动的室内色彩环境氛围。
（图片来源：家乐铭品）

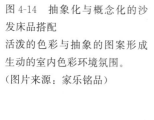

图 4-15　奢华与怀旧的沙发床品搭配
深蓝色、翡翠色、葡萄酒色等色调搭配
原木或老式家具形成优雅奢华的室内色
彩氛围。
（图片来源：家乐铭品）

图 4-16　饱和色调的沙发床品搭配
黄色、蓝色与淡紫色等饱和色调可运用
于儿童房房间。
（图片来源：家乐铭品）

图 4-17　高贵女性色彩的沙发床品
搭配
柔和的哑光暖色沙发床品营造具有
高贵女性特质的室内色彩氛围。
（图片来源：家乐铭品）

图 4-18　白色窗帘
白色窗帘优雅、大方、宁静、婉约，运
用得当可营造出飘渺的空间感。

图 4-19　灰色窗帘
有较强的遮光效果，运用得当可营造出低调奢华的空间感。

图 4-21　客厅窗帘
客厅往往是家居空间中最主要的接待、休憩、娱乐空间，窗帘的选择应考虑主人对客厅光线的需求、周围家具色彩与风格、地面铺装材料等多种因素，选择与整体环境最为契合的窗帘。

图 4-20　亮色窗帘
亮色窗帘可提亮整体环境效果、丰富空间色彩层次、提高装饰性，呈现更有活力的空间。

（4）壁布

壁布是裱贴在墙面用于装饰的一种特殊的"布"。壁布一般用棉布为底布，并在底布上施以印花或轧纹浮雕。作为一种常用的室内墙面装饰材料，其在塑造空间上有极大的潜质。文艺复兴时期壁布就已得到应用，伴随着技术的进步与经济的发展，各种色彩、肌理与材料的墙纸不断涌现并逐渐开始走入大众生活空间。

图 4-22 卧室窗帘
卧室较为私密，为保证睡眠质量可选择厚实遮光的布料做主料，与床品搭配形成温馨、浪漫、静谧的室内色彩氛围。

图 4-23 书房与厨卫空间窗帘
应以简洁、淡雅、清新、容易让人放松的色彩与图案为主，并且需要兼具防水、易清洁等功能。百叶帘、风琴帘等形式的窗帘常成为此类空间的首选。

　　壁布在色彩和肌理上呈现出极大地丰富性，可以根据拟达成的空间环境氛围对

图 4-24 儿童房窗帘
儿童房是孩子休息、学习、娱乐的空间，选色既不能过于夸张也不能过于呆板。可选择简洁大方，饱和度不太高的颜色，搭配些灵动、有趣的花纹。

其进行色彩与肌理的精细化筛选。因其在空间中占比一般较大，往往会直接塑造一个空间的色彩气质，因此，对其色彩与肌理的选择应格外重视，并进行慎重的选择（图 4-25～图 4-30）。

图 4-25 色彩多样图案丰富的壁布
（图片来源：dop 设计）

4.4.2 木材

　　作为"温暖材"的另一个重要组成部分，木材在室内设计中同样扮演着重要的角色。木材色彩温润，在室内设计中常能营造出非自然材料难以形成的亲切感，让人产生放松、舒适的感受。
　　市场上的木材品类众多，室内设计中常用到的有胶合板、纤维板、细木工板、刨花板、蜂巢板、饰面防火板以及微薄木

图 4-26　气质花纹壁布
（图片来源：软装视界）

图 4-27　黑白色系壁布
（图片来源：软装视界）

图 4-28　立体感丰富的几何纹样壁布
（图片来源：软装视界）

图 4-29　混合设计创意墙布
（图片来源：软装视界）

图 4-30　具有吸声隔声效果的壁布
（图片来源：dop 设计）

贴皮等，此外各类竹编、草编在室内设计中也有应用。

（1）胶合板

胶合板是人造板的一种，俗称多层板，是室内设计、家具设计中常用的材料之一。胶合板是由木方刨切成薄木或由木段旋切成单板再胶合而成的三层或多层的板状材料，相邻层的纤维方向应互相垂直，单板数量通常为奇数。

胶合板因自身的可持续性与灵活性备受室内设计师青睐，能适合大规模生产更能很好地配合形状和形式的快速表达与实现（图 4-31～图 4-33）。

图 4-31 Rock Creek 房屋
项目位于美国华盛顿特区，复杂的木材内部跨越双高空间，创造了天才的功能性瞬间。

图 4-32 木材韵，Ardete 工作室
项目位于印度昌迪加尔，设计师尝试开拓胶合板的功能性，创造了穿过整个空间蜿蜒复杂的雕塑作品。

图 4-33 海面之下，DA 局
项目位于俄罗斯圣彼得堡，胶合板内饰干净而简单体现了极简主义美学，是优雅食物的完美背景。

（2）纤维板

纤维板是一种人造板，以木质或其他植物纤维为原料施加适用的胶粘剂制成，分为硬质、中硬质和软质三种，有着广泛的用途。其优点有材质均匀、不易开裂，缺点是耐水性差等（图 4-34）。

（3）细木工板

细木工板俗称大芯板、木工板。是指在胶合板生产基础上以木板条拼接或空心板作芯板，两面覆盖两层或多层胶合板，经胶压制成的一种特殊的胶合板。具有物理性能好、施工方便、用途广泛等特点，可以替代实木板材广泛应用于室内设计中的家具、门窗及嵌套、隔断、假墙、窗帘盒等地方。同时，因细木工

图 4-34　曼谷 Central World Apple Store 悬臂式的屋顶

如同巨大的圆形树冠，覆盖整个空间。

板在生产过程中使用大量尿醛胶，因此甲醛释放量普遍较高，易产生刺鼻气味（图 4-35）。

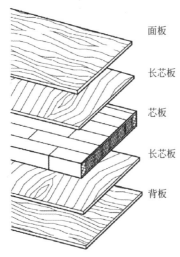

面板

长芯板

芯板

长芯板

背板

图 4-35　细木工板结构

（4）刨花板

刨花板是由木材或其他木质纤维碎料加胶粘剂后在热力和压力作用下胶合成的人造板，因此又叫碎料板。刨花板结构均匀、加工性能好，可根据需要加工成大幅面的板

材，是制作不同规格、样式的家具较好的原材料。制成品刨花板不需再次干燥，可以直接使用，吸声和隔声性能也很好。因刨花板在生产过程中用胶量小，因此，环保系数相对较高。同时也存在不易于铣型以及质量参差不齐等问题（图 4-36～图 4-39）。

图 4-36　OMA-Prada 秀场

图 4-37　奥地利阿巴森小学

图 4-39　Siegerland 高速公路教堂

图 4-38　西班牙巴尔沃亚博物馆

（5）饰面防火板

饰面防火板是一款专业的人造装饰板材，是表面装饰用耐火材料，有着丰富的表面纹路、色彩以及特殊的物理性能。在室内装饰、家具、橱柜以及外墙等处均可用到。这种板材既具有木质类有机板的轻质、柔性和可再加工性能，又具有无机板材的防火性能和耐水性能。

饰面防火板并不是真的不怕火，而是具有一定的耐火性能，它是由装饰纸、牛皮纸经过含浸、烘干、高温高压等加工步骤制作而成，构造是表层耐磨层加色纸加多层牛皮纸，本身具有耐磨、耐高温、耐划、抗渗透、易清洁的特征（图 4-40）。

（6）木饰面树脂板

树脂板又名高压装饰板，是人造装饰板的一种。主要以酚醛树脂与木纤维纸合成为基础，表面加装饰图案处理。树脂板表面处理主要有木饰面和装饰色纸两种方式。木饰面树脂板在树脂板实际应用中最

57

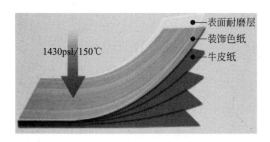

图 4-40　饰面防火板结构

为常见，其最大优点是克服了传统天然材料的不稳定性和耐候性不佳等缺点，保护了木材资源，极大地拓宽了木材在室内外装饰使用的范围。

树脂板属于木纤维与树脂的合成制品。在应用于开放式幕墙或吊顶时，板与板之间要留出伸缩缝不打胶，幕墙的顶部与底部要留出空气循环通道，墙体内外等压空气流动循环（图 4-41、图 4-42）。

（7）竹材

经过现代科技处理竹材寿命可达数十年之久，竹材的使用更具有灵活性，应用十分多元，如竹地板、竹室内外墙板、竹穿孔板、竹吸声板、竹家具等。特点有高强耐候、绿色环保、防火阻燃、高耐磨、高硬度以及优良的尺寸稳定性等。

当竹材以原始形态进行利用时，由于内部中空容易开裂，所以对材料进行连接加固是建构问题的关键，通常连接固定的方法有捆绑、榫卯、胶结、砂浆灌注和金属构件连接等（图 4-43、图 4-44）。

（8）竹藤草编

竹藤草编是一门古老的手艺，在没有复杂技艺的远古时代，竹、藤、草是天然易得的适用材料，应用范围广泛。大到建筑构筑物，小到家具器皿都可以制作。这也赋予了其无穷生命力，至今仍在人们的日常生活中延续着。

竹藤草编是以植物的叶、茎为原料编制成物品的工艺技术。在为人们的生产、生活带来便利的同时，竹藤草编制品也以其质朴清新的品质、精美细致的工艺以及鲜明的民间特色和地方风采在室内设计、家具设计中广被应用（图 4-45～图 4-47）。

图 4-41　木饰面树脂板吊顶

图 4-42　SPAR 批发零售连锁公司布达佩斯旗舰店

图 4-43　竹材可加工成的形状

图 4-44　古宜路 188 号 DESIGN188 创意园区

图 4-45　天然草编元素，营造悠远闲适的居家氛围

（图片来源：法国 Elitis）

图 4-46　竹藤草编构建的室内空间（一）

图 4-46 竹藤草编构建的室内空间（二）

图 4-47 竹藤草编家具

4.4.3 皮革

作为一种古老而自然的材料，皮革散发着温暖、高贵的气质以及原始、生态、充满力量的魅力。如今，皮革逐渐成为各行各业最常用的材料之一。在现代家居设计中，皮革材质经常用于沙发、床头板、柜子、靠包、墙壁等，皮革所蕴含的优雅与质感慢慢演变成为彰显个性、突出品位的生活态度。

皮革材质之所以备受人们的青睐，与其自身的材质特点和消费者的审美需求有着密不可分的联系。设计师也不再仅仅满足于现有的花色品种及常规皮革的制造，而是从材质特性以及产品功能入手进行创新设计（图 4-48～图 4-52）。

4.4.4 涂料

涂料作为一种装修材料，在建筑室内中较为常见。涂料色彩丰富多样，材料本身的特性各异，在新技术、新工艺的加持下可以在涂抹粉刷的过程中形成各种肌理。多变的色彩、多样的材料特性以及丰富的材料肌理组合在一起可以营造出丰富多彩、姿态各异的室内空间氛围。在墙面的表现上一般有乳胶漆、多彩漆、艺术涂料、硅藻泥、质感涂料、灰泥等。

（1）乳胶漆

乳胶漆是以合成树脂乳液为基料加入颜料、填料及各种助剂配制而成的一类水性涂料，是有机涂料的一种。乳胶漆颜色众多且可调制，根据光泽效果又可分为无光、哑光、半光等类型。作为一种受众最多的墙面装饰材料，具有迅速成膜、施工简单工期短、透气性优良等优点（图 4-53）。

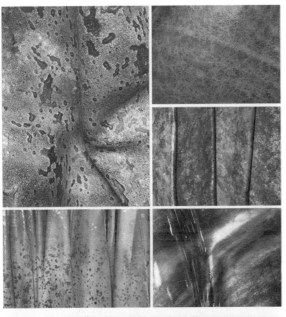

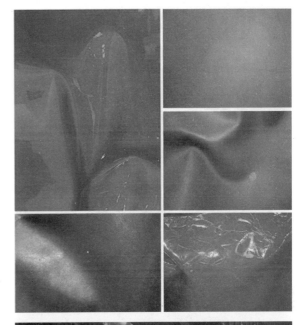

图 4-48 瑕疵表面
用大理石纹、斑驳杂色、锈迹效果赋予皮革个性的外观。
（图片来源：戴昆学习小组）

图 4-49 夸张色彩
夸张颗粒和裂痕光泽等加工处理赋予皮革更加多样化的外观。

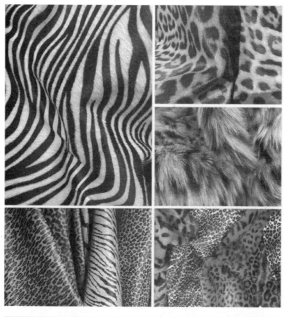

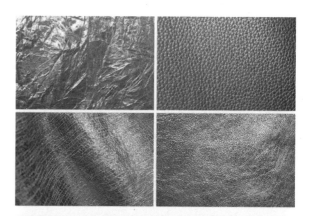

图 4-50 兽皮纹印花
豹纹、斑马纹、虎皮纹等兽皮纹印花为皮革增添炫目亮色，使
其更具新意。

图 4-51 亮泽金属色
柔和的光泽让皮革显得更加成熟高级，细腻的质感打造皮革个
性外观。

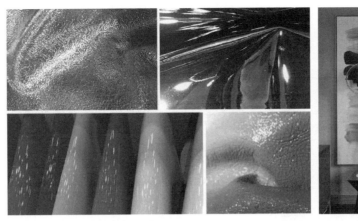

图 4-52 光泽漆皮

皮革的光泽涂层原本的外观形态，漆皮增添了强烈的感官刺激，显得前卫与时尚。

图 4-53 室内乳胶的运用

（2）多彩漆

采用高等级乳液和高分子树脂材料，配合进口优质色浆，呈现仿石效果。市场上质量好的多彩漆产品，可以做到较高仿真度。多彩漆的优势在于价格低且无色差。不足之处在于缺少真石的晶体反光颗粒且无法做到光面效果（图 4-54）。

图 4-54 多彩漆在客厅空间背景墙上的应用

（3）艺术涂料

艺术涂料是一种新型的墙面装饰艺术漆，环保的同时还具备防水、防尘、防燃等功能，优质艺术涂料耐擦、色彩历久常新。艺术涂料也有诸多分类，例如仿大理石漆、壁纸漆、肌理漆、金属漆等，能根据需要打造出不同的效果。但艺术涂料整体价格偏高，施工难度也更大，后期效果的好坏跟施工有极大的关系（图 4-55）。

图 4-55 室内设计中艺术涂料的运用

（4）硅藻泥

硅藻泥主要由纯天然无机材料组成，是绿色环保涂料。硅藻泥饰面肌理丰富，质感生动真实，防火阻燃，相比较起乳胶漆，还具有调节湿度、吸声降噪等功能。

但硅藻泥产品本身也是有缺陷的，主要表现在耐水性差、不耐擦洗、硬度不足等（图4-56）。

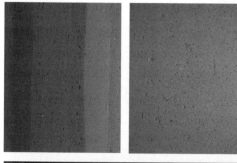

图4-56 硅藻泥及其在室内设计中的应用

（5）质感涂料

质感涂料是一种具有很强材质肌理的涂料。由填料、粘剂以及其他助剂组成。质感涂料的纹路朴实厚重，立体化纹理变幻无穷，可表现独特的空间肌理。主要有弹性质感、干粉质感、湿浆质感等不同系列，达到不同的效果。质感涂料是运用特殊的工具在墙上塑造出不同的造型和图案，根据质感造型以及施工工艺不同，主要有以下几种：喷涂压花型、颗粒型、刮砂型和浮雕型（图4-57）。

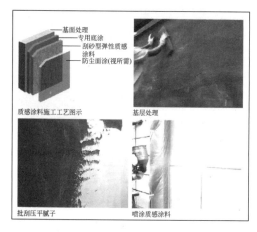

图4-57 质感涂料施工工艺图示
包括基层处理、批刮压平腻子、喷涂质感涂料。

灰泥属于质感涂料的范畴，通过工艺可以达到相同的肌理效果。灰泥达到建材防火等级的A（A1）级，在1300℃的温度下不会燃烧，不产生有害气体，安全无忧。灰泥主要由石英砂组成，其95％以上的成分为天然无机矿物成分。第四代产品具有超强粘合力，柔韧性佳，可以在玻璃、墙砖等光滑表面使用，时间愈久愈显其独特性能。灰泥从成分来看，其配料大致可分为胶粘剂、骨料、填料、改性添加剂、颜料5种。从形态上可分为浆状灰泥和干粉状灰泥。样式上丰富多样，有质地光滑细腻的灰泥，也有可制作饰面花纹的大颗粒灰泥；色彩更是花样繁多，这都取决于配料的配用。用不同配料制作的灰泥，在功能方面各有所长，还能获得不同的质感，比如：磨砂质感、拉丝质感、陶纹质感、砂岩质感，以及深受室内设计师喜欢的清水混凝土质感等（图4-58～图4-61）。

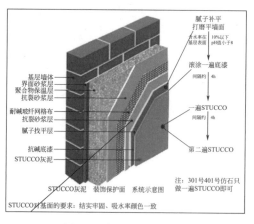

图4-58 灰泥施工工艺图示

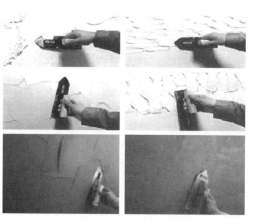

图4-59 不同肌理墙面施工

图 4-60　产品可达到的质感

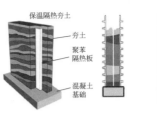

图 4-62　施工工艺示意图

图 4-61　质感灰泥沙发背景墙

（6）现代夯混凝土

彩色夯混凝土一般有 12 种标准的生土色彩。也可以根据建筑师的设计要求调整色彩。可以采用单色和多种颜色（2~5 种）分层浇筑夯实。高品质的彩色夯混凝土的强度可以达到混凝土 C20 以上的强度，耐雨水冲刷。表面不会走砂，色彩牢固基本上不需要特别的维护。为防止彩色夯混凝土的碳化可以在墙体的表面涂刷透明的混凝土保护剂（图 4-62、图 4-63）。

图 4-63　室内运用

4.4.5　玻璃

（1）艺术玻璃

艺术玻璃是广义上的统称，产品涵盖 LED、夹层、压花等各种玻璃类型。艺术玻璃以彩色玻璃为载体，同时注入艺术绘制的工艺玻璃装饰制品，实现了情感与意境的物化转译。在窗户、隔断、背景墙等室内装饰的诸多环节均可介入成为空间中独特的风景（图 4-64）。

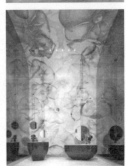

图 4-64　艺术玻璃在室内设计中的运用

（2）渐变玻璃

两片玻璃与一层渐变膜夹胶形成渐变玻璃。用渐变玻璃做隔断可以给人营造一种前卫、时尚的感觉。在保证光线畅通前提下，其独特的艺术效果可以为人们带来舒心宁静的感受。光线与玻璃的渐变色彩结合形成动态、不断变化的色彩环境，让空间更加动态丰富（图4-65）。

图4-65 室内渐变玻璃隔断

（3）炫彩玻璃

绚丽夺目是炫彩玻璃在视觉效果上的标志，它在不同的装饰领域有着较特殊的应用价值，可以创造出色彩缤纷的装饰效果。不论在室内还是室外都可以随光变色给空间增添处于不断变化中的色彩（图4-66）。

图4-66 炫彩玻璃营造出的室内外效果

（4）磨砂玻璃

磨砂玻璃通过似真似幻、虚虚实实的材料气质能在室内空间中营造出静谧的氛围，如同起雾一般带来了充满神秘气息的遐想空间。通过玻璃与玻璃间预留的缝隙和光照的环境，物与物之间通过这一片朦胧找到空间和艺术之间的隐秘关联（图4-67）。

图4-67 室内空间中磨砂玻璃的运用

（5）拉丝玻璃

拉丝玻璃是通过机械设备将玻璃溶液按一定规律高速拉制成纤维丝状而制成，也可通过人工和机械的完美配合从玻璃表面抽取后形成，具有高温燃烧不炸裂、优越的防火性能以及不易形成碎片伤人等特性，在室内设计中运用得当可以给人一种清朗刚毅或朦胧雅致之美（图4-68）。

图4-68 拉丝玻璃

（6）肌理玻璃

不同于对传统玻璃的想象，现在的玻璃可以通过各种酸蚀的化学方法以及车刻等物理手法获得风格各异的纹理，甚至几乎可以实现任何触感的需求，玻璃也因此呈现出迷人又独特的美（图4-69～图4-71）。

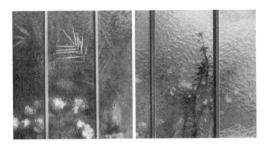

图4-69　水纹玻璃

图4-70　长虹玻璃

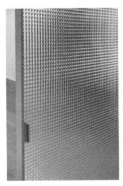

图4-71　方格花玻璃与锤目纹玻璃

（7）雾化玻璃

雾化玻璃又称调光玻璃，是运用电路和控制技术将液晶材料附着于玻璃材料上从而制成的玻璃产品。雾化玻璃通过调节光的透过率使玻璃的状态在雾化与透明间切换从而兼顾了玻璃的通透性与隐私性。调光玻璃被广泛应用于办公室、机房、医疗机构、商业展示等空间（图4-72）。

4.4.6　石材

石材归属于"硬冷材"，是室内设计中最常用到的材料类型之一。总体而言石材

图4-72　雾化玻璃状态切换

可以分为"真石"与"仿石"两大类。真石材料色彩饱和度与明度一般都较低，整体呈现温润柔和的色彩气质。材料本身的物理特性因元素构成与产地的不同呈现出较大差异。随着材料加工工艺的丰富以及加工技术的进步，石材表面的材料肌理呈现出丰富多彩的态势。常见的有火烧面、荔枝面、蘑菇面、仿古斧凿面等。此外，材料本身的肌理常常还承载了一些功能性，比如大理石台阶的防滑槽以及盲道砖等。石材温润的色彩与丰富的材料肌理往往能在室内空间中起到烘托氛围的重要作用。

相对而言，仿石材的色彩饱和度与明度较高，材料基底因一定程度脱离了自然属性使得肌理往往能呈现更为丰富的变化。在室内设计中也更易于和其他材料形成更多样的组合搭配，营造出丰富的室内环境氛围。

（1）花岗石与大理石

花岗石与大理石均属天然石材。花岗石比大理石更坚硬，花纹为点状或小梅花状；大理石花纹多为云状或线状。花岗石与大理石不易风化，颜色美观，外观色泽可保持百年以上，由于其硬度高、耐磨损，除了用作高级建筑装饰工程、大厅地坪外，在室内设计中也是重要的材料，一般会应用于铺贴墙、柱、楼梯踏步、地面、厨房台柜面以及窗台面等处，但在应用时要注意其辐射等级，确保对人体的安全。

花岗石和大理石有天然材质的局限性，天然石材的长度通常不长，所以要想做成大型的地面铺装，就会有接缝，这些接缝处同样容易隐藏污垢。如果非常喜欢天然材料，那么具有很强抗菌能力的花岗石和大理石是个比较理想的选择，不过要格外注意施工工人的接缝水平（图4-73、图4-74）。

图4-73 花岗石可以达到的工艺效果

图4-74 由花岗石打造的卫浴空间
B.E建筑事务所为一对夫妇设计的位于Armadale的三层住宅，通过花岗石打造卫浴空间。

（2）石灰石

石灰石，俗称青石，是一种重要的矿物资源，主要成分是碳酸钙。石灰石也是石灰岩作为矿物原料的商品名称，常用于建筑材料和工业的原料，随着技术的进步其应用也越来越广泛。

石灰石的装饰效果好，做出的宝瓶柱、花钵有较强的"润"的质感。石灰石很难磨出光面，大部分应用为亚光面。

石灰石有温和的质感和天然的外观，材料本身就具有凉意和良好的防潮性。不论是为了装饰砖块或其他材料，还是为了保持周围环境的协调性，石灰石的自然外观都会增强空间的审美价值。用适当的照顾，石灰石可以持续数年甚至数百年。此外，生石灰块还是传统的干燥剂，能从空气中吸收水分，具有较强的吸湿性。石灰石的施工与花岗石等石材相似，可以运用干挂石材幕墙安装常用做法，大部分可以通用（图4-75～图4-78）。

图4-75 石灰石板材按照表面加工可分为以上两类

图4-76 按照加工形状可分为以上四类

（3）洞石

洞石，学名石灰华，也是天然大理石的一个特殊品种。由于表面常有许多孔隙，所以常被人们称之为洞石。天然洞石

图 4-77 荷兰最高法院室内石灰石地板

图 4-78 荷兰 B30 室内石灰石立面

纹理清晰，有温和丰富的质感，是不可多得的建筑室内外高档装饰石材。

好的洞石主要产自意大利、西班牙等地中海沿岸，伊朗也有生产。洞石有明显的纹理特征，适用于内外墙装饰、地坪，可切割成各种厚度的规格工程板。伊朗洞石具有硬度高、表面线条均匀、变化小等特点，是洞石中的上品。其颜色高贵、天然，纹理匀称，可塑性强，不易留下刮痕，无辐射、易清洁。它的颜色不刺眼，阳光照上去时呈现出的古生物化石形成自然图案非常适用于室内外墙身、地坪及洗手盆等。

为了保持洞石原有质感及纹理，一般分为抛光面、亚光面和自然面，不做过多加工处理。运用在室内时，一般为抛光面居多，表面空洞会用胶水填充，防止进尘。建筑外立面运用较少，主要因为价格高且表面空洞不方便清洁。

值得一提的是洞石的色调以米黄居多使人感到温和，体现出强烈的文化和历史感觉，是已故华裔建筑大师贝聿铭先生钟爱的材料（图 4-79～图 4-82）。

图 4-79 洞石色彩纹理

（4）文化石

文化石是个统称，天然文化石从材质上可分为沉积砂岩和硬质板岩。人造文化石产品是以水泥、沙子、陶粒等无机颜料经过专业加工以及特殊的蒸养工艺制作而成。它拥有环保节能、质地轻、强度高、抗融冻性好等优势。一般用于建筑外墙或室内局部装饰。通过产品设计和模具的精

图 4-82　美国国家美术馆东馆

有的金属元素种类与数量的不同，效果会有差异，文化石表面使用的金属氧化颜料具有非常高的稳定性，同时，可根据需要实现同一表面多种颜色的自然过渡和美观协调，甚至优于天然石材的表面颜色效果。

　　文化石由水泥、陶粒、颜料等材料加工合成，无污染、无辐射；天然石材直接由矿山开采，具有一定辐射性（图 4-83、图 4-84）。

图 4-80　日本 MIHO 博物

图 4-81　德国历史博物馆

雕细琢，可以实现石型的多样性和纹理的丰富性。

　　天然石材颜色相对单一，而且因其所含

图 4-83　文化石、文化砖装饰效果

（5）臻石

臻石是以水泥为主要胶结材料，精选石英砂骨料，无机颜料，充分搅拌后压制而成的人造板材。突破了传统有机树脂类材料，不含有机材料及胶水。臻石密度均匀，出材切割精度高、耐高温、耐刮擦、抗紫外线能力强、肌理可定制，突破了传统石材自然不可控的纹理，室内天、顶、地均可使用。

臻石湿贴时需用粘结砂浆或瓷砖胶，需要做六面防护处理。室内湿贴一般用同色填缝剂或美缝剂。干挂时参考石材背栓或者开槽干挂方式。外墙干挂时需对墙面基础做防水（图 4-85）。

图 4-84　文化石在室内设计中的应用
（图片来源：材料美术馆）

图 4-85　臻石在室内设计中的应用
（图片来源：RobertoCavalli）

（6）仿大理石瓷砖

仿大理石瓷砖是指具有天然大理石逼真纹理、色彩和质感的一类瓷砖产品，拥有天然大理石逼真的装饰效果和瓷砖的优越性能，摒弃天然大理石的各种天然缺陷，是建陶行业的革新者。仿大理石瓷砖在纹理、色彩、质感、手感以及视觉效果上完全达到天然大理石的逼真效果，装饰效果甚至优于天然石材，已发展成为瓷砖领域的主流产品之一。

常用的室内墙面施工工艺有开槽式与背栓式等。开槽式干挂法是使用专用的开槽设备在瓷板的侧边开 10mm 深的短槽或通槽，通过专用的连接件与龙骨系统结合的一种干挂方式。背栓式干挂法是通过专用的钻孔设备，在瓷板的背面按设计尺寸加工成一个里大外小的锥形圆孔，按锚栓植入锥形孔中，拧入螺杆，使锚栓底部彻底扩张开，与锥形孔相吻合，形成一个无应力的凸形配合。然后通过止滑螺母将构件固定在瓷板上，再安装在基面上（图 4-86、图 4-87）。

图 4-87　大理石瓷砖在室内设计中的应用
（图片来源：RobertoCavalli）

图 4-86　施工安装方式

（7）陶瓷

陶瓷分为陶和瓷，依据烧制温度不同形成：陶器的烧制温度低、瓷器的烧制温度高。陶瓷是室内设计中的常用材料，在设计师眼中是表面硬朗的"温暖材"。陶瓷发源于中国，较为成熟的陶器源于上古时代，而瓷器最早在东汉时期就已经出

现，比西方国家早了一千多年。从 CHI-
NA 这个单词就可以看出当时欧洲国家对
陶瓷的狂热，陶瓷一经传入欧洲，就被当
时的贵族所追捧，家中能有一件东方瓷器
成为潮流，陶瓷变成了奢侈品。从陶到瓷
经历了漫长的过程，陶与瓷的区别主要体
现在烧成温度、坯体泥土成分以及是否有
釉面三个方面。

随着技术的进步，当代陶瓷品类极大丰
富，已不仅仅是人们日常概念里的杯盘碗
碟，它以各种形态，不同的用途出现在我们
的空间中，或实用或美观，以不同的角色为
人们的生活服务（图 4-88～图 4-90）。

图 4-88　食器类
在空间中布置餐桌时，不仅仅要考虑到食器本身的美
感，同时还要与餐桌、餐椅、桌面上的陈设甚至是整
个空间形成呼应。
（图片来源：戴昆学习小组）

图 4-89　铺装类
陶瓷技术的成熟使得瓷砖的釉面可以极为真实的模拟
各种材质，跟石材、木材等天然材料相比价格便宜，
也较容易制作，且辐射小，因此被大量应用在室内空
间中。
（图片来源：戴昆学习小组）

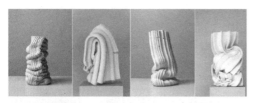

图 4-90　装饰类

陶瓷艺术与陶瓷设计赋予了陶瓷这种古老材料新的生机，陶瓷陈设品需要与室内空间的氛围有相映成趣的关联感，挑选时要考虑纹饰美、肌理美、色彩美、造型美等方面。

（图片来源：戴昆学习小组）

4.4.7　金属

市场上常见的金属板材可大致分为纯金属板材、复合金属板材以及仿铜板材等几大类。总体而言，金属材料的表面色泽较锐利，容易给人形成较强的现代感，其表面肌理也因加工技术的进步呈现出日益丰富的趋势。特殊的色彩气质与丰富变化的肌理组合常常能营造出令人惊喜的装饰效果。

（1）纯金属板材

铝单板：铝单板是采用铝合金板材为基础，经过铬化等处理后，再经过数控折弯等技术成型，采用氟碳或粉末喷涂等技术，加工形成的一种新装饰材料，因其表面光滑、耐候性较好、便于清洁，作为墙面及屋面材料，广泛应用于室内外环境中。铝单板能呈现多样化的表现形式，主要表面处理方式有：喷涂处理、辊涂处理、阳极氧化处理、覆膜处理、穿孔处理等处理方式。

泡沫铝：泡沫铝是在纯铝或铝合金中加入添加剂后，经过发泡工艺而成，同时兼有金属和气泡特征。其材料性能特点包括轻质、高刚度、良好声学功能（闭孔隔声性能、微通孔和通孔的吸声性能）、优良的电磁屏蔽性能、良好的热学性能等。可以通过改变其密度和孔结构来设计所需的综合性能，因而被广泛地应用在许多领域：如轨道交通、航空航天、军工以及室内设计等行业。

不锈钢：不锈钢是不锈耐酸钢的简称，耐空气、蒸汽、水等弱腐蚀介质，具有不锈性的钢种也可称为不锈钢。其中铬的含量越高，钢的抗腐蚀性越好。但在含有大量盐分的地区容易生锈。此外，不锈钢有很强的拉伸性能，通常很难达到高平整度的要求。不锈钢表面的处理形式大致有 5 种，分为轧制表面加工、机械表面加工、化学表面加工、网纹表面加工和彩色表面加工。其纹理效果与铝板相近。

（2）复合金属板材

纯金属板材普遍存在材料薄，整体平整度不高，价格较贵等问题，所以市场上推出金属复合板材。复合板材分为：铝复合（复合材料为铝）、塑铝复合（复合材料为"塑"和"铝"）。

复合金属板材的优点表现在各类金属塑板的平整度和加工性能都比纯金属板好，且成本低、铝塑的保温效果更好可以做大版面等。缺点在于造型加工只能呈单曲异形，不能加工双曲面。

（3）冲压网/金属网帘

金属冲压网，俗称穿孔板。是以常见金属或金属合金材料进行冲压和切割形成的具有一定透视和装饰效果的金属板材，其中穿孔是最为常见的表现方式。冲压网孔隙率越高对平整度的影响越大，同时孔隙率的大小会直接影响立面的通透性和室内视线及采光。

金属冲压网是一种能降噪声并兼有装饰作用的产品，常用作室内吊顶，特征如下：材质轻、耐高温、耐腐蚀、防火、防潮、防震、化学稳定性好；色泽优雅，立体感强，装饰效果好，且工艺简单，安装、维修方便；立面简洁生动，通过有规律的穿孔形成图案，能使简洁的立面造型丰富、活泼生动；穿孔板与玻璃配合使用阻挡了直射阳光，防止眩光，使室内照度分布均匀，减少太阳辐射对室内的影响，起到很好的遮阳作用。金属冲压网的加工方式主要有两种：磨具冲孔与拉伸扩张（图4-91～图4-93）。

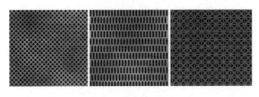

图4-91 磨具冲孔

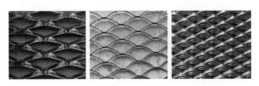

图4-92 拉伸扩张

金属网帘是采用优质铝合金丝、铜丝、不锈钢丝等经过编织工艺，形成有一

图4-93 艺术效果表现

定柔韧性的金属网。金属网帘的材料宽度也会很大程度影响立面通透性，设计师需根据实际效果去做选择。

金属网帘广泛应用于空间分割、墙体装饰、屏风、橱窗等。特征如下：金属下垂度好，能打褶，像布艺窗帘一样活动自如；具有金属丝扣和金属线条特有的柔韧性和光泽度，颜色多变，在光的折射下色彩斑斓，艺术感强，能显著提升空间品质；金属网帘可让阳光和空气进入到室内，视觉与舒适感更好；耐用性好，可回收性强；不易损坏，安装快捷。

从类型上看主要分为金属帘、金属网带、金属绳网、金属环网及金属布（图4-94）。

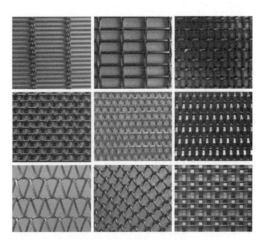

图4-94 不同金属网帘艺术效果

（4）金属元素室内设计中的综合应用

金属元素在室内设计中非常抢眼，它独特、吸睛、未来感强，最适合追求个性与时尚的年轻一代。无论是哪种形式的家装风格，金属材料都可以很好的介入，让室内空间呈现更高级的质感（图4-95～图4-99）。

图 4-95　金属元素与其他材料的混搭

（图片来源：营造空间）

图 4-96　金属与布艺

柔软的布艺极大限度地包容了金属的硬冷，布艺与金属的结合平衡了各自的优缺点。

（图片来源：《建筑师》杂志）

图 4-97　金属与大理石
大理石多变的纹理结合金属闪耀的光泽让空间充满奢华气息的同时也倍显活泼。
（图片来源：《建筑师》杂志）

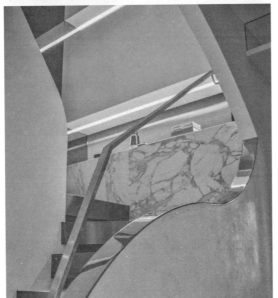

图 4-98　金属与木（一）
淡雅温和的木质与轻薄坚固的金属搭配产生一种和谐冲突之美。
（图片来源：《建筑师》杂志）

图 4-99　金属在商业空间中的应用

金属常作为一种抢眼的元素出现在商业空间中,多是黄铜,闪耀着明亮耀眼的黄色与空间内的粉色、红色、蓝色相映衬共同创造一个缤纷的世界。

(图片来源:《建筑师》杂志)

图 4-98　金属与木(二)

淡雅温和的木质与轻薄坚固的金属搭配产生一种和谐冲突之美。

(图片来源:《建筑师》杂志)

4.5　课后练习

(1)室内设计材料与建筑设计材料有何差异?室内设计材料有哪些常见的分类方式;

(2)按不同的材质进行分类,室内设计的材料主要可以分为哪几类;

(3)选择一个你熟悉的室内空间,如家、宿舍、教室或阅览室等,对其进行材料分析,找出其中的纺织品、木材、皮革或壁布等材料,并指出材料使用的优缺点,在此基础上效仿图 4-100 所示室内材料设计流程对选定空间的材料进行一轮优化设计。

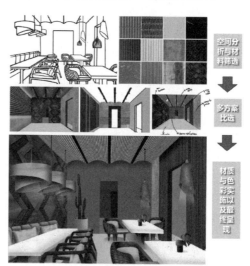

图 4-100　练习(3)图

第五课　材料 M（提升篇）

5.1　本课导学

5.1.1　学习目标

（1）掌握材料收口的常规方法以及判断收口好坏的基本标准；

（2）了解最新的装饰材料特性与用法；

（3）了解当下室内设计材料行业的发展现状与未来的发展趋势。

5.1.2　知识框架

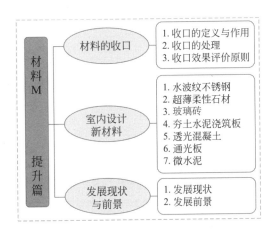

5.1.3　学习计划表

序号	内容	线下学时	网络课程学时
1	材料的收口		
2	室内设计新材料		
3	发展现状与前景		

5.2　材料的收口

作为 CMT 的中间也是"中坚"，材料的表现力很大程度上在于材料收口的处理方式。细节体现艺术，也只有细节的表现力最强。收口与收边之处的设计往往是容易被人忽略的细节，一个好的收口方式决定不了设计的好坏，但是一个差的收口方式能让设计作品元气大伤。作为设计师，一定要非常了解通过不同的收口方式方法来弥补装饰施工中的不足。

5.2.1　收口的定义

收口指的是装饰表面上的边边角角，或者是两种材料之间交界衔接部分的工艺处理手法。能够起到弥补装修表面缺陷的作用，还可以起到装饰美观的效果。

收口的目的总的来说分为两大层面，一种是"遮羞"，另一种是"美化"。"遮羞"指的是为了不让基层材料展现出来，在收口部位用饰面材料进行遮盖的处理，否则会很难看，外露出来就是装修中的瑕疵，很大的影响了最终的效果。"美化"是指在两个装饰面之间用特定的装饰材料对其过渡区域做装饰处理，优化其装饰美观的艺术效果（图 5-1）。

图 5-1　材料收口

5.2.2 收口的作用

好的收口通常有以下三大作用，第一，好的收口能够增强装饰和美观的效果。第二，不同材质衔接过渡的自然流畅。第三，在家具部位上的收口，可以防止家具构件开口或者过渡区域出现受潮蛀虫等一些系列问题。

5.2.3 阴阳角的收口处理

无论是收边还是收口最好的效果和状态就是过渡的比较顺畅自然，既能"遮羞"又能"美观"。如果想要做到这些，所有的收口都要放在阴角部位不能在阳角收口。如果实在没有办法，只能在阳角收口的话就要把阳角处变成平面或者是阴角（图5-2）。

5.2.4 判断收口好坏的原则

美观度：每一种收口的手法形式都需要根据当下的风格、材料、构件等客观因素来决定具体使用哪一种收口形式。好的收口既遮羞又美观，要和周边的材料或者造型糅合搭配。收口不能仅满足于遮羞，更应该注重协调匀称和美观的装饰效果（图5-3）。

简易度：决定使用哪一种收口形式的时候要考虑收口施工的难度和费用，通常都是易加工的材料收难加工的材料，比方说类似于木材收石材等。不管怎样，最终要达到装饰的效果，费用和成本是不得不考虑的一个因素。在能达到最终效果的前提下选择更简单和更低成本的收口方式（图5-4）。

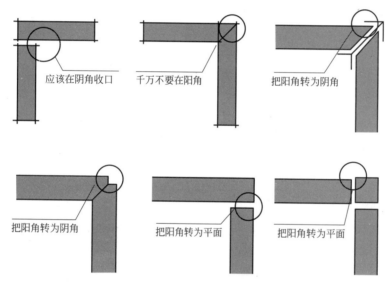

应该在阴角收口　千万不要在阳角　把阳角转为阴角

把阳角转为阴角　把阳角转为平面　把阳角转为平面

图5-2　阴阳角的收口处理

图5-3　收口处理的美观度

图5-4　收口处理的简易度

密实度：收口最基本的目的和要求是要能够遮盖，要能够很有效的把基层构件给遮住。如果这点做得不好，存在瑕疵，那么牵一发而动全身，满盘皆输，一个小的地方毁了整体的设计效果。收口的密实度是不得不考虑的重要因素，一定要明白各个材料间的关系以及彼此之间收口的关系，究竟是谁收谁的口以及在哪收口，如何收口才能更加密实遮盖（图5-5）。

图 5-5　收口处理的密实度

5.3　室内设计新材料

在我们实际工作生活中，设计师经常因为接案子、赶项目、跑工地等原因，有时会加班工作，时间长了，别说市面上都出了哪些新材料，就连一些常见材料的了解也是知之甚少。

但不懂材料，设计师的方案根本没办法落地，设计师也没办法做出好的设计。其实，关注材料的变化也是室内设计师的一个重要功课。一般来讲，工程学科的材料学最关注的新材料领域是航空航天、生命科学、纳米技术、新化学分子材料等。这些材料在应用于高科技领域数年后，会逐渐应用于民用领域如建筑设计或室内设计领域，所以，有个简单的规律：当前的高科技材料，就是明天的建筑或室内设计应用的材料。本节就将对几款之前的高科技材料演变为当下应用的新型装饰材料进行介绍。

5.3.1　水波纹不锈钢

不锈钢，似乎一直以来是刚毅和硬朗的代表。道德经曾说：上善若水。但如果把这两种感觉中和一下，会是什么效果？水波纹不锈钢，就给了我们这样的感觉。不锈钢的材质，面上做成水波纹的效果，刚柔兼备，令人驻足流连。更有趣的是，曲面对光的漫反射，会比镜面反射更细腻，更温柔（图5-6）。

图 5-6　水波纹不锈钢材料在室内环境中的运用

5.3.2 超薄柔性石材

超薄柔性石材是一种纯天然石材岩板。它采用的是德国最前沿技术，利用玻璃纤维与渗透型的树脂背胶渗透到石材内，并将毛细孔稳定住，之后再用独特的专利技术，从原始天然板岩与石英云母上"剥离"出石材薄片制作而成的革新型装饰材料。

超薄石材应用的岩石是页岩和沉积岩，这些岩石具有天然的分层性。在岩石进行纳米处理的过程中，岩石层自然分离成 0.5mm 层，并在背板采用的 0.5mm 玻纤聚酯加强，在保证厚度的同时也加强了材料的稳定性，材料能做到 1mm 厚度（图 5-7）。

5.3.3 玻璃砖

玻璃砖在空间设计中通常作为墙体隔断、屏风使用，它半透明的效果保证了私密，同时也能用来装饰遮挡和分割空间。

玻璃砖在装修市场占有相当的比例，一般用于装修比较高档的场所，用于营造琳琅满目的氛围（图 5-8）。

图 5-7　超薄柔性石材

图 5-8　玻璃砖墙（一）

图 5-8　玻璃砖墙（二）

5.3.4　夯土水泥浇筑板

选用特殊调制的精磨水泥等原料，经浇筑成型等工序制作而成，采用生态环保的传统工艺和新材料新技术的结合，研制成超薄（最薄 3mm）大幅面（最长 5m）创新产品，填充了国内市场的空白。

产品具有耐久性强、轻盈、富有弹性、防火、防水防潮、防蚁等优势特性。作为流行趋势的夯土风格再次回归大家的视野里，粗犷原始的砂砾质感让人们仿佛闻到大地泥土的气息（图 5-9）。

5.3.5　透光混凝土

透光混凝土一种新型的装饰材料，由大量的光学纤维和精致的混凝土组合而成，它可以像玻璃一样具有透光性，却拥有着传统水泥一样的强度。

在有光源和没有光源的情况下，呈现的是完全不同的装饰效果。而且透光混凝土还可以结合灯光的变化，呈现出不一样的艺术性与唯美特色，透光混凝土这种独有的装饰效果，让它更适合在变化环境中应用（图 5-10）。

图 5-9　夯土水泥浇筑板

图 5-10 透光混凝土

5.3.6 通光板

亚克力导光板，也叫通光板，它的原理主要是运用亚克力的透光性，在亚克力的内部做雕刻、嵌入，达到我们想要的一些灯光效果。广泛运用在室内外各大公共区域，以及家庭空间，照明灯具等场景。

导光板充分利用了亚克力光学级的板材，通过 UV 网版印刷技术在其底部印上导光点。当光线照射到导光点时，反射光会向各个角度扩散，然后从导光板正面射出。

通过大小、疏密各不相同的导光点，可使亚克力导光板均匀发光，呈现出极具艺术感染力的视觉效果（图 5-11）。

5.3.7 微水泥

从字面的意思上来了解，微水泥也是水泥的一种，但是和普通的水泥区别在于，普通的水泥是用于建筑、水利工程等。而微水泥是近几年在欧洲快速兴起的新一代表面装饰材料，主要成分是水泥、水性树脂、改性聚合物、石英等，具有强度高，厚度薄，无缝施工防水性强等特点（图 5-12）。

图 5-11 通光板在室内环境中的运用

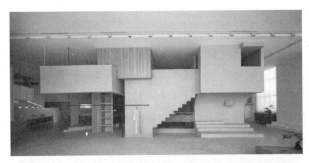

图 5-12　微水泥在室内环境中的运用

5.4　室内设计材料发展现状与前景

5.4.1　发展现状

室内设计与装饰材料是集色彩、造型、美学、材料物理特性等为一体的，同时也是门类众多、更新速度快、发展潜力巨大的一类材料，在整个建筑工程中占有极其重要的地位。其发展水平直接影响了室内空间的环境品质，对改善人居环境质量有着十分重要的影响。

近几年由于房地产的发展带动了装饰材料行业的快速发展。我国目前已成为装饰材料消费和出口大国。不论在人均消费数量还是在生产总量上均排在世界前列。但与此同时装饰材料也呈现出许多问题，最突出的体现在材料释放的有害物质逐渐成为室内空气污染的主要原因，对人体健康的影响已成为必须重视的问题。

5.4.2　发展前景

随着经济的发展与生活水平的提高，人们对室内空间环境提出了更高的要求，这就同时对各种新材料提出了更高的要求，例如提倡发展节能环保和可循环利用的绿色材料等。新材料的研发除了利于更好的进行室内设计，也在更大的层面上有利于保护生态环境、节约能源、创造有益身心健康的室内环境。

（1）绿色节能环保发展方向

室内装饰材料中的有害物质问题一直是备受使用者关心的话题，在众多有坏物质中，"甲醛"也许是知名度最高的，甲醛含有剧毒，释放期长达 3～15 年之久，对人体危害巨大，且很多漆类家具中都有甲醛的身影。随着节能、绿色环保等理念的提出，如今人们对无毒无害、节能环保装饰材料的诉求极大增加，例如不含甲醛、芳香烃等有害物质的油漆涂料等。人们会更加关心室内环境品质与自身的健康问题，因此，环保健康的装饰材料会拥有更大的发展空间。此外节能、简易的装饰材料也越来越受使用者青睐，正和绿色环保材料一同成为室内装饰材料的主流。

（2）智能化发展方向

室内装饰材料与高科技碰撞结合从而实现装饰材料与装饰产品的可控、可调以及数字化可能成为装饰材料与产品发展的新方向。科技的飞速发展让"智能家居"从概念转化为了现实。照明控制、家居安防、互联网远程监控以及室内无线遥控等诸多方面都是"智能家居"涵盖的范围，在这些技术的加持下，人们的家居生活变得更加轻松自在，智能化也成为室内装饰材料发展的重要方向。

5.5 课后练习

（1）请以石材为例，简述其常用的收口方式；

（2）请列举出 3～5 个你了解到的室内设计新材料并讨论其在室内设计中的应用方法；

（3）除了绿色节能以及智能化，你认为室内设计材料未来还有哪些发展前景值得重视？

第六课 肌理 T（基础篇）

6.1 本课导学

6.1.1 学习目标

（1）了解肌理的基本概念，对质感、肌理等相关、相近概念形成基本认识；

（2）了解肌理的分类方式与构成；

（3）熟悉肌理的功能属性并掌握其在室内设计中的运用方式。

6.1.2 知识框架图

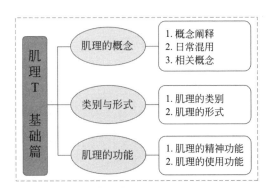

肌理T基础篇	肌理的概念	1. 概念阐释 2. 日常混用 3. 相关概念
	类别与形式	1. 肌理的类别 2. 肌理的形式
	肌理的功能	1. 肌理的精神功能 2. 肌理的使用功能

6.1.3 学习计划表

序号	内容	线下学时	网络课程学时
1	肌理的概念		
2	类别与形式		
3	肌理的功能		

6.2 肌理的概念

6.2.1 概念阐释

"肌肤之亲"是人们关于肌理认识与体验的基础与核心。如同父母怀抱初生的婴儿时体验到的满足与幸福感，室内CMT的设计实践本质上同样是在努力尝试复现这种体验。虽然所有的设计尝试都不可能完整的复现真实的"肌肤之亲"，但室内设计师通过对材料"肌理"的探索仍能让空间体验者感受到独属于室内空间界面的温暖与力量（图6-1）。

图 6-1 父母与婴儿的"肌肤之亲"

"人的肌肤组织"是"肌理"一词在《辞海》中的解释。在大千世界中肌理更是无处不在。世间万物由于各自肌理的不同呈现出完全不同的面貌（图6-2）。

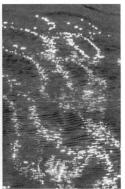

图 6-2 James Neeley 摄影作品（左图）
Bob Israel 摄影作品（右图）

连绵起伏的山脉、形态各异的梯田、蜿蜒曲折的河流、波澜壮阔的大海……在大自然的鬼斧神工下，这些自然之景出落成各具特色的模样。变幻万千的形态、疏密有致的排布、曲折流畅的线条、绚丽缤纷的色彩，不经意间就显现出一种惊心动魄的肌理之美。将大自然的鬼斧神工融于家居空间，还原最真实的自然之景，给人以无限遐想与美好生活意境。与自然同居，于生活的瞬息之间感受天然的张力和美感。

"各种天然材料自身的纹理、结构形态或人工材料经人为组织设计而形成的一种表面材质效果，即材料表面的组织构造"是"肌理"在现代设计中的定义。肌理反映事物的表面特征，其形体的表征也是视觉触感所造成的特殊效应，在设计的创作过程中是不可或缺的重要组成部分（图6-3～图6-10）。

图 6-6　tuvalu 抱枕（左图）
Katie Stout 台灯（右图）

图 6-3　2Form 地毯（左图）
LatitudeRun 地毯（右图）

图 6-7　Lacquer Décor 漆器装饰

图 6-4　Dainelli Studio 地毯（左图）
Dainelli Studio 地毯（右图）

图 6-8　Arte 墙布

图 6-5　Elisa Strozyk 陶瓷镜子（左图）
Mathieu Lehanneur 珐琅陶瓷（右图）

图 6-9　THIBAUT 墙布

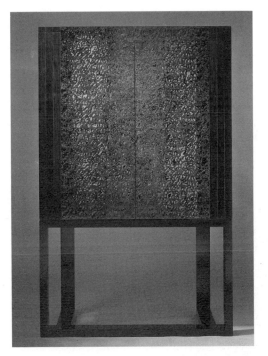

图 6-10 Lacquer Décor 漆器装饰饮料柜

6.2.2 日常混用

"质感"与"肌理"是谈及材料表面属性时最常用的词汇。但在很多文献资料中对这两个词的概念常不做区分,存在着普遍混用的问题。在结合具体研究对象进行材料表面性状描述时还进一步延伸出了一些相关的概念,如"触觉质感""视觉质感""触觉肌理""视觉肌理"等。与"质感"和"肌理"一样,对这些名词的运用也同样存在着大量混淆的现象。

造成这种现象的原因有几个主要方面:首先,作为描述物体表面属性的主要语汇,"质感"与"肌理"在词义上本就比较接近,所描述的主要内容没有十分明确的偏向与侧重;其次是因为汉语文字的模糊性与主观意会性。即便在英文中,两词都可以与"texture"形成对应关系,也没有严格区分。

然而,当适用范围扩大后,如在绘画、视觉传达、产品设计、建筑设计等不同的领域中,"肌理"与"质感"的概念开始出现细微差别,侧重点会有所区别。在文学作品中肌理是指行文结构,在产品设计中指材料表面纹理所形成的

细部特征及组织构造,在绘画中肌理是指画面的纹理与组织结构,在城市中则包括了地质、形态、功能等内容(图 6-11~图 6-21)。

图 6-11 美国艺术家@boggess_fine_art 的肌理风景画

图 6-12 利勒哈默艺术博物馆和影院的二次扩建

图 6-13　北京建筑工程学院新图书馆

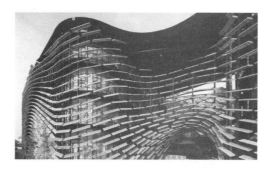

图 6-17　台湾创新研究园工业技术研究院

图 6-14　法国 Thales 大楼

图 6-18　托莱多·西班牙

图 6-15　德国约翰尼斯大街 3 号居民楼

图 6-19　太阳城·美国

图 6-16　米兰世博会之意大利馆

图 6-20　La Latina 社区·西班牙

图 6-21　干邑麦田·法国

6.2.3　相关概念

从不同领域对肌理与质感的共识中可以看出："肌理"是指材料的肌体形态和表面纹理，而"质感"是指人的感觉与知觉系统对材料表面特征做出的反应。单从字面上来看，两个概念之间没有从属关系，肌理是材料的表面结构形式，而质感则是人对材料的一种主观感受。前者表达

客体特征，后者强调主体感受与认知过程。但在实际使用中，"质感"已经转化为对客体特征进行描绘的重要词语，从这个角度看，质感的范畴似乎更大一些，可以包含质地、色彩、光泽度以及肌理等内容。

此外，材料的"质地"主要通过起伏、凹凸、粗细等特征体现出来，这些特征可以依靠触觉来感知，但同时，这也是材料表面组织构造形成的肌理效果。因此，这类特征既属于质地的范畴也属于肌理的范畴。将讨论视角切换到"肌理"，起伏、凹凸、粗细等特征既能被触觉感知也能被视觉感知，因此它们既属于触觉肌理，又属于视觉肌理。

事实上，正是由于"起伏、凹凸、粗细"这些表面结构特征较难形成清晰的界定，导致使用者在词汇概念范畴上的界限模糊。厘清这些概念的意涵和概念间的关系，将为相关问题的讨论以及设计工作的有序合理推进打下坚实的概念基础。

6.3　肌理的类别与形式

6.3.1　肌理的类别

（1）根据形成方式划分

根据肌理形成方式的不同可分为"自然肌理"与"人工肌理"。

（2）根据感知方式划分

一般而言，触觉是人们感受肌理的基础，但基于人们的长期触觉体验，以至于很多时候人们不必真的实施触摸的动作便可以通过视觉感受到材料质地或肌理的不同。因此，依据感知方式的不同，肌理又可以分为"视觉肌理"与"触觉肌理"。两种肌理形式相互作用，可以加强材料的感染力。

通俗地看，"视觉肌理"是一种用眼睛感觉的肌理，如屏幕显示出的条纹、花纹凹凸等，但都是二维平面的肌理。"触觉肌理"一般通过拼压、模切、雕刻等加工方式得到，是三维立体的肌理，用手能

触摸感觉到。

视觉肌理与触觉肌理存在辩证关系。在科技高度发达、装饰材料肌理化趋势越来越明显的现代，人的视觉感受被提升到了一定的高度。在这一背景下，"视觉肌理"作为建筑与城市空间形态中的重要构成元素正日益受到重视。但是，由于室内空间与室外空间或建筑空间相比属于"小空间"。人在室内"小空间"中辗转腾挪的身体活动时，触感的应用频率更高，所以"触觉肌理"对于室内设计而言，其重要性和恒常性经常会高于"视觉肌理"。室内设计师应更深入地了解触觉肌理在室内空间形态中的表达机制，拓展触觉肌理的表现力和应用范畴，提高室内 CMT 综合环境设计的品质。

6.3.2 肌理的形式

依据组织结构的不同，肌理又可以被分成两种："有机组织"与"几何组织"。

（1）有机组织

有机组织通常指的是依据自然规律、受自然规律影响从而表现出的一种肌理单元的有机形态排列方式，这种肌理的组织规律比较复杂，但能表现出一定的秩序感，比如，沙漠形态、天然石材面以及木材纹理等（图 6-22）。

图 6-22　marc_guitard 摄影作品（左图）
Mohamed Al Jaberi 摄影作品（右图）

（2）几何组织

几何组织通常是指将相应的肌理单元依据重复、相似或渐变方式进行排列，这

种肌理组织方式规律比较单一，同时几何形态也比较清晰，比如，布纹以及水蒸气凝集面（图 6-23）。

图 6-23　布纹肌理

6.4　肌理的功能

仅靠对色彩、材料、灯光、陈设等元素的利用还不能完全满足人们对室内空间氛围与艺术情感塑造的精准需求，探讨肌理对于室内设计的作用可以被看成为"精准设计"的一种概念。室内色彩环境设计只有与材料肌理相互配合，才能创造出真正和谐优美的空间效果。材料与肌理息息相关，肌理作为材料的界面与室内色彩环境设计间又有着紧密的联系，会直接影响到室内空间的色彩环境氛围、艺术装饰效果以及空间本身的功能性。因此，材料肌理是设计师必须扎实学习和牢固掌握的重要专业知识。

6.4.1 肌理的精神功能

（1）表情达意

作为一种设计手段，肌理受制于材料特性之内又发挥于材料特性之外。设计师可以通过物化与符号化的肌理设计陈述理念、表达情感。通过室内色彩环境中触觉肌理和视觉肌理的传达，可以将情感、意象等虚拟化、概念化地展现在空间使用者面前，使肌理成为色彩、材料与人类情感间沟通的媒介。通过材料肌理的精细化与深入化设计，可以加强使用者对空间情感的认识并促使这种认识进一步具体化，从而在使用者的心里产生一种情感或情绪的共鸣。此时的肌理其实更具有质感的特质。在室内空间材料的设计中，随着材料肌理的变化，即便是相同的造型或样式，所形成的视觉感受也是有差异的。

侵华日军南京大屠杀纪念馆与奥运会举办场馆需要呈现的空间情感与空间情绪是完全不同的。前者给人带来的情感体验应是悲痛沉重的，与后者需要承载的举国欢庆、豪情万丈的情感完全不同。这就要求设计者在建筑以及室内色彩环境的营造中进行不同的思考。例如在南京大屠杀纪念的设计过程中就需要对如何再现那段惨绝人寰的历史给人心灵上的震撼与创伤、国恨家仇该如何控诉、热爱和平的心声又该如何展现等问题进行深入的思考。在这一过程中材料肌理就成为重点考虑的对象，利用肌理材质的无声语言，将那段沉痛的历史真实而深刻的再现在参观者的面前。大屠杀纪念馆的建筑外观采用了深沉的肌理语言，以灰白无彩色系的大理石为主要的建筑基调，整体建筑由石材构成了一部史书的形态。在环境氛围的营造上，利用"鹅卵石广场"中卵石悲凉、惨淡和枯木死亡、凋零的肌理形态共同营造了寸草不生的荒无感。纪念馆周边的围墙上采用了残旧、破损的肌理配合枪炮射击的痕迹令人仿佛置身于墓穴之中，产生阴森、凄凉之感。在纪念馆内雕塑的材料肌理选择上摒弃了圆润、细腻、精致的形式语言，通过粗糙、有力的表面肌理烘托"被砍的头颅""死去的幼儿"以及"活埋的双手"给人带来的悲怆和残忍感。这些生动有力，饱含情感的肌理语言，不仅表达了残忍、压抑、痛苦、悲愤的情感氛围，同时也符合空间的主题和思想，带给人们巨大的心灵震撼（图6-24）。

（2）赏心悦目

人的一生有大量的时间都在室内环境中度过。室内空间承载了人们工作学习、休闲娱乐等各种活动。在室内环境中的长期停留，使人与各类材料肌理有了更多接触的可能性。人是感性的动物，对美的追求是人的本能。材料肌理在室内色彩环境的营造中担负的重要功能之一就是审美功能。肌理作为设计的重要语汇，在与室内

图 6-24　南京大屠杀纪念馆

色彩环境设计相融合后自然呈现出多元、动感的形态特征，这将进一步扩展肌理的艺术美感，使空间的色彩氛围更加赏心悦目。

肌理通过形式、工艺、色彩等元素的丰富变化，造成了视感上的错觉差异，形成了丰富多彩的艺术效果。肌理艺术的美，在室内空间中以多种姿态呈现，比如肌理与室内风格的搭配、肌理自身的装饰效果等。从视觉审美的角度分析，肌理蕴含着独特且深厚的审美价值和形式意味。

室内空间肌理赏心悦目功能的实现还需要考虑使用者与空间界面的距离以及空间本身的大小，它们会成为影响肌理效果发挥的重要因素。要考虑到该肌理所处的空间位置以及人们在使用该肌理时的最近和最远距离，肌理在这个距离尺度内是纯观赏性的还是兼具观赏性与使用功能。此

外还要考虑该肌理在空间中所占面积的大小等问题。

例如,运用在室内顶棚位置的肌理其形态大小、疏密度与颗粒度等因素就应进行适当的放大夸张。否则就会因顶棚与人视线之间的空间距离过大导致过于紧密、细小的肌理样式不易被观察到,弱化了肌理视觉样式的展示效果。当然,这里不包括为了追求某种独特的艺术效果故意为之的情况。相应的,对于近人尺度的肌理,则可以进行相对精致化的设计。此外,室内空间面积的大小,也会影响到肌理美感的发挥。肌理面积与周边环境面积的差异关乎肌理形态的视觉冲击力。例如,在面积较小的空间中马赛克肌理的美感会因对比被放大,甚至得到强化从而成为空间的焦点,而在大空间中则可能显得较为平淡。

总的看来,在室内色彩环境的设计过程中想要实现材料肌理赏心悦目的功能需要保证肌理样式的尺度规模处于一个与周边环境相适应的状态中,从空间使用者的角度出发,契合其观赏需求(图 6-25)。

图 6-25 室内不同界面、不同尺度的肌理设计

6.4.2 肌理的使用功能

除了精神功能,在室内环境设计中肌理同样具有重要的使用功能。目前,多数人对肌理的理解和认知仍停留在"好不好看"的层面,这仅是从视觉享受的角度出

发对肌理艺术认知的一种不完备的传统观念。在室内空间设计中，肌理的审美功能只是肌理功能的起点，若仅关注这个维度，只会埋没和曲解了肌理的艺术功能，还易形成设计思想上的偏颇，影响设计效果的发挥。

肌理在具备装饰空间、美化环境、增加情趣、体现品位等作用之外，也具有对空间环境的使用功能。因此，设计师对于材料的利用应立体化、多元化，不仅要利用它们的各种良好的物理属性，还应充分挖掘材料表面肌理的功能。

（1）标识指引功能

人们日常生活中经常看到的盲道是肌理标识指引功能最常见的例子。盲道的本质就是通过地面铺装材料肌理的凹凸变化为盲人制造特殊的脚感，使得盲人能通过对地面肌理纹样的触觉感知实现安全通行（图6-26）。

一定程度上看，室内设计师与厨师这两个职业十分相像。"空间的良好效果"就是室内设计师追求的"美味佳肴"。想要设计出"色香味俱全"的空间就需要对手中的"食材"以及"食材"间应如何互相搭配等问题先做了解。对于室内设计师而言，材料肌理就是"食材"的重要组成部分。通过对材料肌理功能的分析和思考，有助于我们更好的认识材料、了解材料、利用材料，帮助设计师更好的营造优美的室内环境。

（2）吸声降噪、控制音质

任何材料肌理都会与声波产生相互作用，作用的形式主要分为吸收与反射。由于材料的物理特性、组织结构及表面肌理的不同，对声音的吸收效果存在一定差异。能起到吸声降噪、控制音质作用的材料肌理，其表面以及材质内部一般呈现疏松多孔的肌理特征。许多材料的肌理具备吸声的功能，常见的如木质材料。木材纤维粗大、表面富有凹凸变化，再结合现代工艺，通过改变材质表面的粗糙、孔洞、间隙、凹凸等秩序可以起到吸声降噪、控制音质的作用。如利用木丝、木屑等，经过高温压制等工艺手段形成的木丝吸声板。这种材料的肌理既具备了吸声降噪、控制音质的功能，同时在肌理样式上较传统的木质纹样又有新的突破与创新。这些具有吸声降噪、控制音质作用的肌理形式多用在图书馆、电影院、会议室、火车站等空间环境中，以帮助营造尽可能安静的环境氛围（图6-27）。

图 6-26 室内盲道

图 6-27 木丝吸声板通过肌理实现吸引功能

（3）安全防护功能

是因常与水渍、雨雪、高温、油污等发生或直接或间接的关系，使得室内环境常呈现复杂多变的特征。基于此，许多表面上看具有较高审美价值的材料在安全防护性方面却显得不足。如在地面、墙面等位置常大面积运用的具有高贵典雅气质的抛光大理石，虽然会让空间显得富丽堂皇但却极易使人发生滑倒等意外伤害。为此常会在大理石表面安装防滑条或通过烧毛、凿刻等工艺改变材质的局部肌理特征，通过粗糙或凹凸的表面增大摩擦系数，从而达到加强材料安全性的目的。再如厨房、卫生间等空间中的防滑砖，其材料表面肌理在设计时就是为了起到安全防护的作用的，充分利用表面凹凸不平的肌理特征保障使用安全（图6-28、图6-29）。

（4）调节空间亮度与尺度

当室内空间因受限于建筑高度而产生压抑与不适时。可通过在吊顶材料中应用反光肌理材料的方法，如不锈钢、镜面、背漆玻璃等材料等，充分利用材料的反射特点让使用者产生空间增高了的假象，缓解因层高过低给使用者造成的心理压力。同时这些表面光亮的肌理材质也能起到扩展空间面积、提升空间高度以及增加空间亮度的作用。

除了肌理反射之外，镂空、透光的肌理表面，也可以产生改变空间尺度的作用。通过镂空或透光的肌理，可以使人看见隐藏在肌理背后的空间场景，在若隐若现中增加空间的通透性和流动感，提高空间使用者间的互动性。

（5）卫生清洁功能

不同类型的空间对卫生清洁、养护频率的要求是不同的。同时，每一种肌理材料的易清洗程度也不一样。一般而言，质地坚硬紧密，表面光洁顺滑的肌理不易污染便于清洁打理。例如，厨房的台面，因长时间与水、油、酸碱等物质接触，一般会选用光滑坚硬、防水防污的材质肌理。同样的，医院、火车站等人员多、流动大、需要不断清洗、消毒的空间一般也会选用瓷砖、水磨石，不会选择清洗与养护过于繁琐的地面材料。

（6）分割空间功能

在室内设计中，"设置隔墙"是分割空间的主要手段，通过墙体的分割可以起划分空间区域的作用。除此之外，通过地面材质肌理纹样的区别分割空间、划分区域也是一种常见的且较为隐性的方式。常见的实现途径是利用地砖与地板材质肌理的对比从而将空间中的不同区域划分出来，令空间使用者在相对开阔的空间中也能感受到空间的不同划分（图6-30）。

图6-28　台阶防滑铣槽

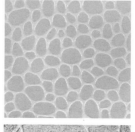

图6-29　防滑砖
利用肌理产生防滑效果。

图 6-30　通过不同地面铺装肌理界定不同空间

6.5　课后练习

（1）请在你所居住的家居空间中挑选出一到两个你最喜欢的肌理纹样，并从类别与构成两个角度对其进行分析；

（2）用绘图、拍照与文字分析你的居住或学习场所中的"视觉肌理"与"触觉肌理"，并尝试用新的设计改变或替代之前的设计，以便达到更好的效果。请通过效果图展示改造后的结果。

第七课　肌理T（提升篇）

7.1　本课导学

7.1.1　学习目标

（1）了解室内设计与肌理间的关系，熟练掌握"视觉肌理"与"触觉肌理"设计方法；

（2）掌握室内设计中肌理设计的一般原则以及常用的肌理组合方式；

（3）了解肌理表达的地域性及其意义；

（4）掌握肌理精细化设计的基本方法。

7.1.2　知识框架

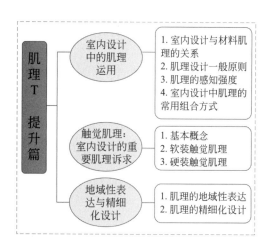

7.1.3　学习计划表

序号	内容	线下学时	网络课程学时
1	室内设计中的肌理运用		
2	触觉肌理：室内设计的重要肌理诉求		
3	地域性表达与精细化设计		

7.2　室内设计中的肌理运用

7.2.1　室内设计与材料肌理的关系

在室内设计中，材料肌理设计是非常重要的内容，是对室内环境造成影响的主要因素之一。人们利用感觉与知觉感受不同肌理形式，在室内材料肌理中获得视觉和触觉的不同体验以提高空间感受丰富度。

视觉肌理体验主要来源于材料光洁度、纹理形状以及色彩感觉等视觉因素给人心理带来的感受。而触觉肌理体验主要来源于材料舒展紧密、细腻粗糙以及疏松坚实等触觉因素给人心理以及生理带来的感受。但在实际生活中，触觉肌理和视觉肌理之间并没有清晰的界限，通常会一起影响人对肌理的综合认知。同时，对于人们的心理感受，通常"肌"的感受会比"理"的感受更强烈。所以，对室内设计进行研究的重点内容包括肌理形态特征、视知觉特征以及构成关系，这同样也是肌理精细化设计需要考虑的。

7.2.2　肌理设计的一般原则

材料是设计的物质载体。在设计实践中，材料对造型不但起媒介作用，而且材料本身的表面肌理也直接构成形象的感性内容。材料的质感和纹理直接影响到室内空间的品质。因此，材料在设计中的应用除了要考虑材料的强度和经济等因素之外，还要考虑它的肌理。

在设计中，肌理的"肌"可同质也可不同质，但"理"必须有序，即表面肌理在纹理编排上要有序、要和谐统一。否则会显得杂乱无章，给人以不适之感。1932

年，美国数学家 GD 毕克索夫曾提出审美量度的经验公式：M（审美量）＝O（有序性）/C（复杂性）。公式中"有序性"是指具象易于认知并使人感到快捷舒适的程度。复杂性是指感知具象所花费的努力程度。因此肌理设计有序性愈大、复杂性愈小则肌理在外观造型中就会显得越简洁和谐。

7.2.3 肌理的感知强度

一般情况下，材料肌理感知度要比材料形状感知度以及色彩感知度弱。所以，如果想要让材料肌理在建筑室内有比较强的表现力，或想要让材料肌理具有较强的视觉冲击力，就一定要增加材料肌理所具有的视觉感知度。对材料肌理感知度产生影响的因素主要有：纹样因素、图底因素、距离因素、色彩因素以及环境因素和光线因素。

7.2.4 室内设计中肌理的常用组合方式

（1）对比与协调

单一肌理组合：采用一种材料，在组织时运用对缝、压角、拼贴、叠加等不同方法，表现同一界面或不同界面形态的对比、光泽强弱、纹理走向、韵律节奏、肌理变化。这样的肌理组合会使室内空间肌理整齐、有序，给人整洁、肃静的心理感受，可以有效避免肌理杂乱的视觉感受。

相似肌理组合：选用相邻或相似的几种肌理进行组合。它们既具备整体上的相同点，又具有细节上的变化，运用于室内设计中的过渡空间。如木材，它的树皮和树干都可以作为装饰材料使用，甚至树干的横截面与竖截面的年轮在样式上也有区别。它们都属于木材肌理，却具有各自的特点。日本设计师隈研吾利用木材重构来诠释空间，虽然同是木材，但经过不同的加工工艺从而形成了不同的体态特征，构成完全不同的形式语言，使空间既有张力又层次丰富，整体氛围和谐优美。

不同肌理组合：不同肌理组合也可称为对比类型的肌理组合。指的是采用截然不同甚至相反的肌理进行组合。不同肌理的组合中它们互不包含对方的因素，在强烈对比中显得格外生动且富有节奏感。

（2）解构与转换

材料肌理的解构与转换是通过某种特定的手法使某种材料肌理的视觉感知转换成另一种材料肌理的视觉感知。

7.3 触觉肌理：室内设计的重要肌理诉求

人体最复杂、分布最广的感觉系统便是触觉系统。丰富的触觉体验甚至可以刺激儿童智力与情绪的发展。与建筑设计相比，材料的"触觉肌理"与室内设计的关系更为密切。室内空间仿佛人体的第二层皮肤，在日常的空间使用中人体也更常与室内材料发生"肌肤之亲"。如同父母在抚摸婴儿细嫩的肌肤时会产生强烈的幸福感类似，良好的室内空间触觉肌理设计同样能给空间体验者带来丰富美好的空间使用体验。

7.3.1 基本概念

顾名思义，"触觉肌理"是一种能够通过人体"触觉"体验到的材料肌理特征。具有这种特征的材料其表面通常是凹凸不平的，与人体接触后，神经系统将采集到的感受传递到大脑形成舒适、愉悦等诸多不同的心理感受。室内材料触觉肌理常可以与色彩和灯光配合形成丰富的变化（图 7-1）。

在室内设计中，色彩的视觉效果是材料触觉肌理整体效果的重要方面，材料色彩应与材料触觉肌理语言形成有机地配合并与光影的变化一起塑造多变的心理感受，以强化室内肌理美感，形成具有感染力的室内环境氛围（图 7-2）。

在材料触觉肌理制作过程中常用到折叠式、堆积式、雕琢式、镶嵌式、粘贴式以及组装式等工艺。

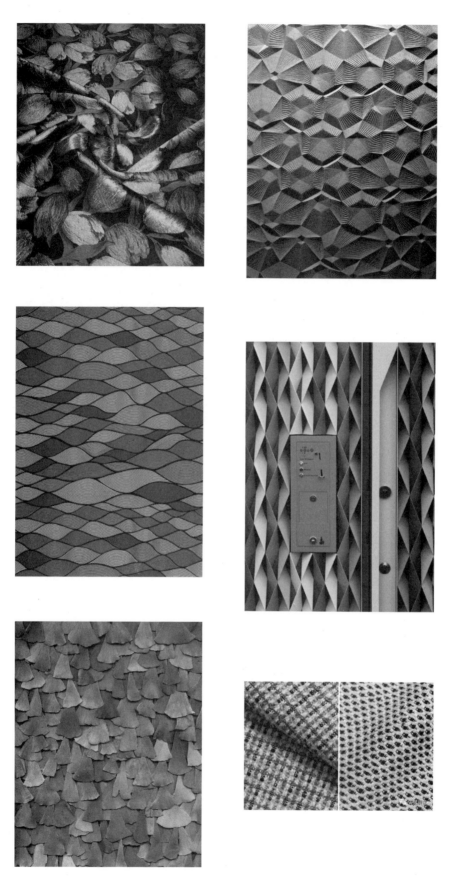

图 7-1　不同材料的触觉肌理

（图片来源：寅然纺织；我形我塑）

图 7-2　室内设计中的触觉肌理

（图片来源：Atmosphere Interior Design）

7.3.2　软装触觉肌理

　　室内设计软装部分是触觉肌理呈现的主要方面，通过精心的设计挑选可以形成细腻、粗糙、圆润、舒展、疏松、坚实等丰富的触觉体验。不同的触觉肌理间也可产生或对比或统一的效果，因此触觉肌理成为室内陈设设计中一个不可忽视的因素。

　　室内设计中各类陈设品都需要考虑表面触觉肌理的问题。例如与身体发生直接接触的各类家具、各种把玩的工艺品、纺织品等，在进行选择时应尽可能避免生硬、尖锐、冷冰以及过分粗糙或过分光滑的触觉（图 7-3～图 7-6）。

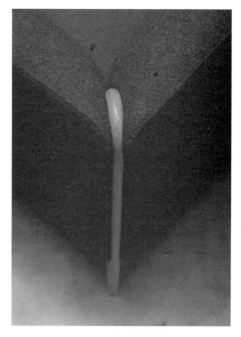

图 7-3　家具边角触觉肌理
（图片来源：Atmosphere Interior Design）

图 7-4　布艺皮革凹凸触觉肌理
（图片来源：Atmosphere Interior Design）

图 7-5　柔和细腻的沙发布艺触觉肌理

（图片来源：山西华盛美景 、软装饰设计师联盟）

图 7-6　室内装饰品局部触觉肌理

（图片来源：欧申纳斯软装、HWCD 设计）

7.3.3 硬装触觉肌理

室内设计的围护结构如墙、顶、地等部分也可以通过触觉肌理的设计营造丰富的变化。无论是金属、涂料、木材还是石材都可以借助无限的想象赋予材料更大的魅力（图7-7～图7-15）。

图7-7 水波纹触觉肌理

灵动的水波纹触觉肌理赋予材料更强的艺术感，因其在风水中象征财运，因此应用广泛。

（图片来源：室内设计联盟）

图 7-8　玛瑙面触觉肌理

肌理变化大富有奢华感，在不同材料色彩搭配下呈现抢眼的效果，与中式或轻奢风更为搭配。

（图片来源：室内设计联盟）

图 7-9　几何线触觉肌理

表现方式更为多样，柔美或冷峻都可通过线条呈现在材料表面，造型更简约，适用于极简或现代风格。

（图片来源：室内设计联盟）

图 7-10 墙面细腻的触觉肌理营造温馨舒适的氛围

（图片来源：万柯布艺）

图 7-12 局部墙面肌理涂料营造室内多层次节奏感

（图片来源：印象视觉营销）

图 7-11 木质触觉肌理增强室内亲自然氛围

（图片来源：万柯布艺）

图 7-13 细腻紧凑的墙面触觉肌理

（图片来源：山西华盛美景）

图 7-14　不同色调与触觉肌理的配合

（图片来源：山西华盛美景）

图 7-15　清雅内敛的大理石触感与百叶窗对光线的调节相配合营造静谧平和的室内氛围

（图片来源：软装饰设计师联盟）

7.4 肌理的地域性表达与精细化设计

7.4.1 肌理的地域性表达

因地域差异与文化形态的不同，世界各地具有丰富多彩的原生性设计形态。然而西方现代文明在 20 世纪逐渐崛起为一种强势文明并深远地影响了世界各地的设计与审美取向。长期以来，空间肌理设计趋向于注重功能表现而忽略了对人们多元化心理需求的满足，文化的趋同导致了室内空间肌理设计的单一化。不仅满足使用功能又拥有鲜明地域特征与文化内涵是成功的室内空间肌理设计的标志。因此，吸收地域文化精髓、提炼地域文化深层内涵、让肌理设计多样化是满足不同地域人们精神寄托的重要途径。

地域文化对室内空间肌理设计既是一种限定也是创造性思维的起点。只有扎根于在地性，从设计场所所处的气候条件、自然环境、历史文脉以及人们的生活状态等角度进行挖掘才可能超越肌理设计中对形式的机械模仿，让设计更具生命力。

7.4.2 肌理的精细化设计

室内装饰材料表面肌理与空间使用者的距离较近，使得人们可以进行近距离的观察。因此，对室内表皮材料进行精细化设计是十分必要的。以前室内设计应用较多的是通过原始材料所具有的天然肌理呈现不同效果，但这种原始的肌理呈现形式显然已不能满足设计中对于视觉与触觉体验更丰富的要求。

室内设计师需要对材料肌理特征进行深入研究并探寻材料肌理表现规律，在有效进行组织设计的基础上实现材料肌理的精细化设计，将材料肌理所具有的美感充分表现出来。

（1）合理应用天然肌理

可以说任何装饰材料都具有特殊的肌理纹样，但在进行室内设计时首先考虑的应是材料运用的特定场所空间。只有基于对使用空间的匹配，才能有效发挥材料的天然肌理潜能。例如陶瓷若用在室外很可能浪费了其细腻的质感；粗粝的清水混凝土及其表面施工后留下的孔洞或许在室外才能充分展现其材料质感等。在室内设计过程中，我们应该把握好材料的天然肌理，并实现其与使用空间的高度匹配，才能最大程度的发挥材料天然肌理的优势，创造出理想效果。

（2）创造人工肌理

尽管天然材料的肌理丰富多样，但在进行室内设计时，人们还是通过各种方式创造出新的人工肌理，例如将玻璃的镜面变为毛面、将金属的光滑变为粗糙等。此外，人们还创造出肌理漆等具有强烈肌理属性的装饰材料，这些都表明了人们的审美观念正在发生的变化以及在室内设计实践中人们对新肌理的需求。除此之外，利用原材料有效模仿其他材料肌理也非常流行，例如人们在进行室内装饰时用到的墙纸就具有强大的肌理模仿能力，不仅可以设计出不同种类的纹理，同时还能模仿木材、金属与石材等材料的肌理。

（3）创造新肌理

不断强化表皮材料肌理表现力已成为室内设计中较明显的趋势，以此吸引空间使用者的注意力，具体操作方式往往是将原材料作为基本单元形成一种新的肌理形式。与此同时，新的肌理通常已脱离了材料本身所具有的肌理特征。在设计此类肌理时，应遵循形式美的基本规律。在创造材料肌理时，通常是对具象形态基本肌理单元进行编排，让材料具有更强烈的纹理感。即这种肌理必须具有很多层级，其中一些层级本身具有一定寓意，可以有效吸引人们视线。给原材料赋予新的肌理形态，对室内材料肌理进行精细化设计形成与现代室内设计要求相符的肌理形态，从而丰富人们的室内生活环境。

总体而言，明确材料使用场合而后选择合适的材料肌理并将其作用充分发挥，是进行室内精细化设计的重要路径。

7.5　课后练习

（1）请结合具体案例分析如何通过增加材料肌理所具有的视觉感知度让材料在室内形成较强的表现力；

（2）请选出一个国内外优秀设计案例分析材料触觉肌理在营造室内空间环境中所起到的作用；

（3）请结合不同民族的典型纹样讨论其在室内设计中进行地域化表达的方式或可能性；

（4）请举出通过"创造表皮材料人工肌理"实现肌理精细化设计的案例；

（5）完成一个室内设计项目，重点在于对空间中所有呈现物进行"视觉肌理"与"触觉肌理"两个层面的综合设计。该方案以图纸与实物样板方式呈现。

第八课　作为整体的室内 CMT（基础篇）

8.1　本课导学

8.1.1　学习目标

（1）了解色彩的色调属性；

（2）熟悉中国人的情感色调；

（3）了解"苍、烟、幽、乌、浅、混、黯、亮、浓、艳"10种色调的情感意涵；

（4）了解色彩和谐的基本理论；

（5）掌握空间中色彩对比的常用手法以及空间中常见的配色方案；

（6）了解室内色彩运用时需要考虑的3个W原则以及要重点考虑的6个因素；

（7）掌握空间 CMT 方案生成的步骤。

8.1.2　知识框架图

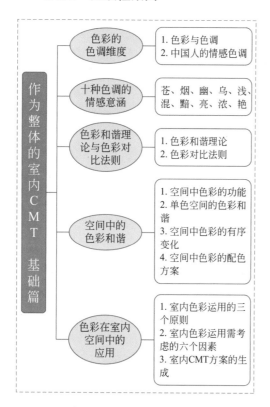

8.1.3　学习计划表

序号	内容	线下学时	网络课程学时
1	色彩的色调维度		
2	十种色调的情感意涵		
3	色彩和谐理论与色彩对比法则		
4	空间中的色彩和谐		
5	色彩在室内空间中的应用		

8.2　色彩的色调维度

8.2.1　色彩与色调

图 8-1 中两个色彩群的颜色都是由红、绿、黄、蓝组成的，左边这组颜色的明度高，右边色群颜色的明度低，给人稳重、沉着、朴素的感觉。左边色群颜色的明度高给人一种清新、年轻、轻盈的感觉。这里引出"色调"的概念，它是指基于颜色明度和饱和度分类出的色彩群。从这两张图可以看出，色调是引起不同色彩情感的重要因素。

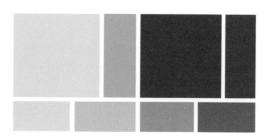

图 8-1　色彩与色调

国际上针对色调的研究已形成了不同的体系。其中应用比较广泛的是日本Shigenobu Kobayashi基于孟塞尔色彩体系与ISCC-NBS色调划分方法开发的色相-色调系统。该系统在颜色感知的基础上把色相分为12个色调（vivid、soft、pale、light、bright、strong、deep、light grayish、grayish、dull、dark、dark grayish）。另外，Setsuko Horiguchi通过对130种有代表性的颜色进行研究揭示了色调对工业设计的影响。颜色与情感对应的实验发现，中国人和德国人对冷-暖、软-硬、轻-重、积极-消极情感词和与其对应的颜色的反应不同。

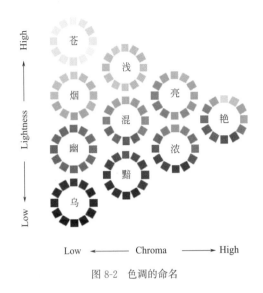

图 8-2　色调的命名

8.2.2　中国人的情感色调

针对中国庞大的设计、产业、教育领域，需要建立起一个针对中国人独特的情感形容词与色调解读的对应系统。由此，清华大学艺术与科学研究中心色彩研究所自主研究的课题"中国人情感色调认知"研究了中国人对色调的情感性表现，从而建立了中国人对色调与情感形容词之间的对应关系。中国人的情感色调认知系统具有两大特点，一是依据中国的文化特征为色调命名；二是基于中国人独特的视觉感知进行色调划分，在中国人特定的情感词词库中选词，并将情感形容词和色调进行对应。

依据颜色的视觉表现、色调的心理感受和对应的中国文化内涵，将10个色调分别命名为苍、烟、幽、乌、浅、混、黯、亮、浓、艳（图8-2）。

在已经确定了色调划分以及色调名称的基础上，为了进一步匹配相对应的情感形容词汇还展开了相应的实验。首先确定了实验所使用的139个取自汉语情感词系统（CAWS）的形容词；同时，以几十位具有设计背景的中国人作为实验观察对象，所有观察者经过基本色感鉴定具有正常的视觉辨别能力。为了方便观察者观察，10个色调的色卡按照图8-3所示的排列顺序放置在大型颜色撷取设备DigiEye LAI（Large Area Imaging）的内壁上，并

图 8-3　实验过程

开启内置的D65光源观察。观察者坐在距离色卡大约150cm的位置，视角为平视。

通过对每个色调形容词的统计，可以得出每个色调都会引起不同的情感反应，见图8-4。

可以看出每个色调的明度和饱和度的视觉表现，如"苍"色调处于明度最高，饱和度最低的位置，结合实验结论，"苍"色调最容易给人带来圣洁、清凉、清淡和清明之感。"苍"色调明度降低形成"烟"色调，使"烟"色调中的颜色带有一点点的灰色，给人带来朦胧、淡雅和柔和之感。"烟"色调中明度降低形成"幽"色调，使"幽"色调中的颜色中灰色含量较高，给人带来幽静、保守和古朴之感。

色调	形容词
苍	明快、细腻、清亮、朦胧、稚气、女性化、轻松、镇静、纯净、清爽、整洁、轻盈、清新、明朗、宁静、清净、安宁、单纯、清澈、宽敞、透明、清淡、清凉、圣洁
烟	幽静、朴实、镇静、典雅、雅致、文雅、祥和、恬静、高雅、优雅、清凉、秀气、清净、乖巧、安宁、柔美 恬淡、含蓄、细腻、透明、温和、温柔、安静、舒适、素雅、清淡、平缓、淡泊、柔和、淡雅、朦胧
幽	平缓、舒适、温和、淡雅、文雅、素雅、理智、安宁、典雅、雅致、朦胧、老实、稳重、安静、宁静、传统 深邃、淳朴、简朴、清静、冷峻、幽雅、镇静、幽暗、含蓄、沉着、朴素、朴实、保守、幽静、古朴、冷静
乌	朴实、壮丽、粗犷、冷峻、古朴、老练、传统、浓郁、浓厚、稳重、沉稳、幽暗、厚重、深邃、保守、男性化、坚固、凝重、坚实、沉重、坚硬、深沉
浅	秀丽、美好、愉快、秀美、温柔、娇嫩、清澈、清新、活泼、稚嫩、柔和、稚气、年轻、单纯、芳香、恬淡 清淡、鲜嫩、明快、甘甜、可爱、女性化、轻松、秀气、柔美、清丽、清爽、清亮、轻盈、轻快
混	安静、舒畅、整洁、美好、芬芳、温暖、细腻、雍容、优雅、安宁、高雅、幽雅、祥和、细致、端庄、文雅 温柔、韵味、恬静、雅致、舒适、简朴、温馨、温和
黯	保守、坚硬、坚固、淳朴、传统、深邃、贵重、从容、朴实、深沉、粗犷、沉着、男性化、沉重、老练 古典、浓郁、浓厚、成熟、凝重、厚重、稳重、幽暗、沉稳
亮	瑰丽、芳香、精致、艳丽、辉煌、单纯、清新、富丽、温暖、浪漫、鲜艳、时尚、稚气、清丽、轻快、秀丽 芬芳、秀美、热情、纯净、健康、可爱、舒畅、甜蜜、兴奋、生动、甜美、新鲜、女性化、鲜嫩、美好、清亮、年轻、运动、积极、乐观、娇嫩、朝气、动感、青春、欢快、欢喜、明朗、愉快、活力、明媚、鲜明、明快、活泼
浓	秀丽、壮丽、粗犷、传统、华丽、瑰丽、富贵、富丽、旺盛、温暖、贵重、成熟、丰厚、充实、浓郁、浓厚
艳	舒畅、芬芳、明朗、高贵、丰厚、可爱、甜蜜、女性化、年轻、秀丽、美好、明媚、新鲜、生动、愉快、动感、壮丽、欢喜、辉煌、吉祥、乐观、活泼、时尚、活力、青春、运动、积极、富贵、富丽、朝气、旺盛、华丽、欢快、鲜明、兴奋、鲜艳、瑰丽、热情、艳丽

图 8-4 色调对应的形容词

明度最低的"乌"色调，给人带来坚硬、深沉和沉重之感。在饱和度增加的横轴上，略带色相的"浅"色调，给人带来轻快、轻盈和秀气的感觉。随着明度的逐渐递减，"混"色调、"黯"色调给人带来温和、温馨、舒适、沉稳、幽暗之感。饱和度高、明度适中的"亮"色调、"浓"色调，色相感更加清晰，给人带来活泼、愉快、活力、浓厚、丰厚和浓郁的感受。而"艳"色调，是饱和度最高

且明度中等的色调，势必给人带来艳丽、热情和兴奋之感。实验表明，相比较色相的影响，在明度和饱和度变化下的色调能带给人更多的情感反应，同时，这种心理感受是形象且直观的。

情感与色调感知的对应关系研究，在应用层面的意义在于更能直观地利用颜色进行设计和沟通。对于设计师甚至消费者来说，以形容词表达对产品的感受最为常见和直接，例如，"清新""安宁"的室内

空间设计，就可以用对应的高明度、低饱和度的"苍"色调来实现；想要表现"细腻""优雅""舒适"的感觉，可以用"混"色调的中等明度、中等饱和度颜色来满足诉求。同时，这些色调还可以穿插进行综合使用。在空间设计中，不同的色调所对应的情感词，是设计师表达空间情感的依据和基石，同时，色调之间的搭配，也是空间中色彩和谐表达的有效工具。

8.3　10 种色调的情感意涵

空间中色彩运用的最高层次是其与承载它们的材质、肌理等共同传递出的情感。其中色相是基础；而由明度和饱和度决定的色调是表达色彩情感的核心。

8.3.1　"苍"色调

见图 8-5，在纯色中混合了大量的白色。它所传递的情感包括明快、细腻、清亮、朦胧、稚气、女性化、轻松、镇静、纯净、清爽、整洁、轻盈、清新、明朗、宁静、清净、安宁、单纯、清澈、宽敞、透明、清淡、清凉、圣洁。

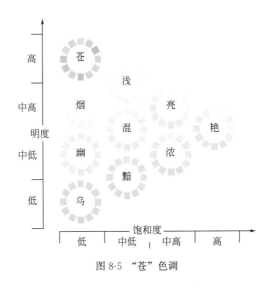

图 8-5　"苍"色调

"苍"色调色相的明度高，可以为室内色彩增加趣味性。"苍"色调常与对比较强的浓色调、艳色调进行搭配，来增加室内空间的立体感（图 8-6）。

图 8-6　"苍"色调下各种颜色对比组合的呈现

8.3.2　"烟"色调

见图 8-7，纯色中混合了大量的白色和少量的灰色。烟色调里少量的灰色增加了颜色的朦胧感，给人以幽静、朴实、镇静、典雅、雅致、文雅、祥和、恬静、高雅、优雅、清凉、秀气、清净、乖巧、安宁、柔美的感觉。

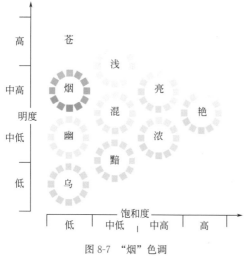

图 8-7 "烟"色调

图 8-8 "烟"色调下各种颜色对比组合的呈现

"烟"色调常与对比适中的浓色调，或对比较弱的幽色调搭配，来增加室内空间的秩序感（图 8-8）。

8.3.3 "幽"色调

见图 8-9，纯色中混合了大量的灰色。大量灰色的加入使"幽"色调传递出平缓、舒适、温和、淡雅、文雅、素雅、理智、安宁、典雅、雅致、朦胧、老实、稳重、安静、宁静、传统、深邃、淳朴、简朴、清静、冷峻、幽雅、镇静、幽暗、含蓄、沉着、朴素、朴实、保守、幽静、古朴、冷静的感觉。

"幽"色调常与黯色调、烟色调搭配，类似调和，使室内空间朴素含蓄（图 8-10）。

8.3.4 "乌"色调

见图 8-11，纯色中混合了黑色。大量的黑色，将原有的色相掩盖，给人带来朴实、壮丽、粗犷、冷峻、古朴、老练、传统、浓郁、浓厚、稳重、沉稳、幽暗、厚重、深邃、保守、男性化、坚固、凝重、坚实、沉重、坚硬、深沉的感觉。

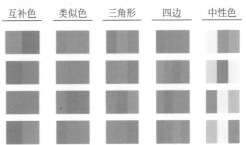

图 8-10 "幽"色调下各种颜色对比组合的呈现

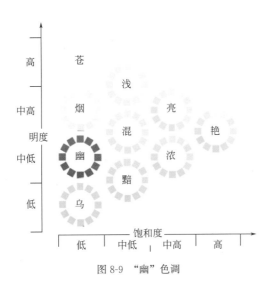

图 8-9 "幽"色调

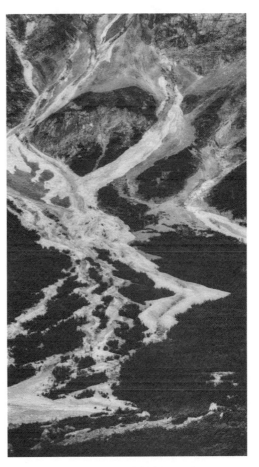

图 8-11 "乌"色调

"乌"色调常与大面积的无彩色进行搭配，使空间张弛有度。"乌"色调常常运用在家具中，另外，小而紧凑的空间墙面，也可以尝试使用"乌"色调，打破惯用的手法，创造全新的视觉体验（图8-12）。

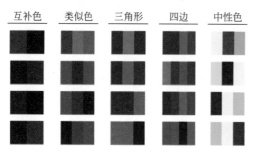

图 8-12 "乌"色调下各种颜色对比组合的呈现

8.3.5 "浅"色调

见图 8-13，纯色中混合了白色和浅灰色。"浅"色调与"苍"色调相比色相感增强，给人以秀气、清丽、柔美的感觉。"浅"色调常与"苍"色调或者"亮"色调进行搭配，增加空间的柔和感。

柔美的配色方案由微妙的"浅"色调和白色搭配。传递出的情感是秀丽、美好、愉快、秀美、温柔、娇嫩、清澈、清新、活泼、稚嫩、柔和、稚气、年轻、单纯、芳香、恬淡、清淡、鲜嫩、明快、甘甜、可爱、女性化、轻松、秀气、柔

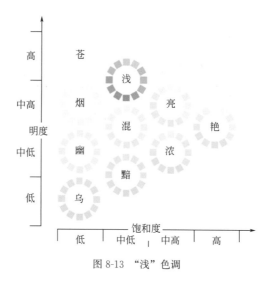

图 8-13 "浅"色调

美、清丽、清爽、清亮、轻盈、轻快（图8-14）。

8.3.6 "混"色调

见图 8-15，"混"色调——纯色中混合了中灰色。带来安静、舒畅、整洁、美好、芬芳、温暖、细腻、雍容、优雅、安宁、高雅、幽雅、祥和、细致、端庄、文雅、温柔、韵味、恬静、雅致、舒适、简朴、温馨、温和的感觉，配色方案产生一种舒缓、从容不迫的吸引力（图 8-16）。

互补色	类似色	三角形	四边	中性色

图 8-14 "浅"色调下各种颜色对比组合的呈现

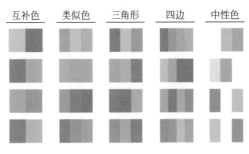

互补色	类似色	三角形	四边	中性色

图 8-16 "混"色调下各种颜色对比组合的呈现

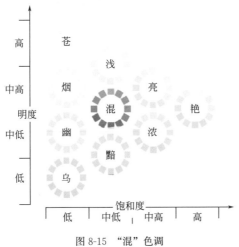

图 8-15 "混"色调

8.3.7 "黯"色调

见图 8-17，纯色中混合了少量的黑色。保守、坚硬、坚固、淳朴、传统、深邃、贵重、从容、朴实、深沉、粗犷、沉着、男性化、沉重、老练、古典、浓郁、浓厚、成熟、凝重、厚重、稳重、幽暗、沉稳是"黯"色调传递的情感。"黯"色调在室内空间中，作为与"浅"色调和"苍"色调对比的一种手段，能传达出尊严、传统、忧郁的情绪。"黯"色调常与大面积的白色搭配，增加空间的呼吸感。

沉稳的配色方案暗示着力量给人粗犷、稳重的感觉（图 8-18）。

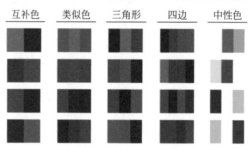

图 8-18 "黯"色调下各种颜色对比组合的呈现

8.3.8 "亮"色调

见图 8-19，纯色中混合了少量的白色。"亮"色调能够唤起尤为丰富的人类情感，瑰丽、芳香、精致、艳丽、辉煌、单纯、清新、富丽、温暖、浪漫、鲜艳、时尚、稚气、清丽、轻快、秀丽、芬芳、秀美、热情、纯净、健康、可爱、舒畅、甜蜜、兴奋、生动、甜美、新鲜、女性化、鲜嫩、美好、清亮、年轻、运动、积极、乐观、娇嫩、朝气、动感、青春、欢快、欢喜、明朗、愉快、活力、明媚、鲜明、明快、活泼。

"亮"色调常与大面积的白色搭配，

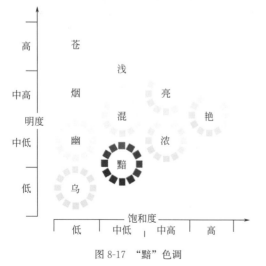

图 8-17 "黯"色调

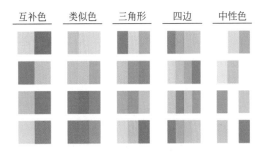

图 8-20 "亮"色调下各种颜色对比组合呈现

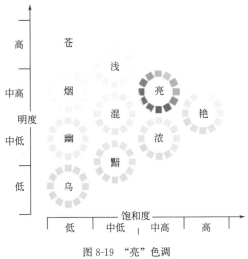

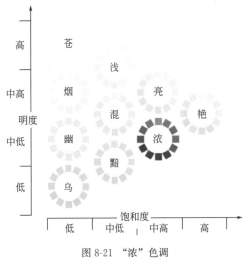

图 8-19 "亮"色调

或者作为辅助色调搭配任意一种色调进行使用（图 8-20）。

8.3.9 "浓"色调

见图 8-21，纯色色相中添加少量的黑色。"浓"色调常常与壮丽、粗犷、传统、华丽、瑰丽、富贵、富丽、旺盛、温暖、贵重、成熟、丰厚、充实、浓郁、浓厚等情感词联系在一起。

图 8-21 "浓"色调

"浓"色调可以任意与其他色调组合，也常常与不同材质的浓色调搭配在一起，营造出温暖和高贵的调性（图 8-22）。

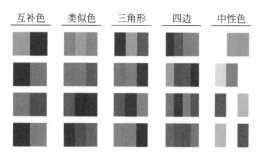

图 8-22 "浓"色调下各种颜色对比组合呈现

8.3.10 "艳"色调

见图 8-23，纯色色相。这些强烈的颜色给人以舒畅、芬芳、明朗、高贵、丰厚、可爱、甜蜜、女性化、年轻、秀丽、美好、明媚、新鲜、生动、愉快、动感、壮丽、欢喜、辉煌、吉祥、乐观、活泼、时尚、活力、青春、运动、积极、富贵、富丽、朝气、旺盛、华丽、欢快、鲜明、兴奋、鲜艳、瑰丽、热情、艳丽的感觉。

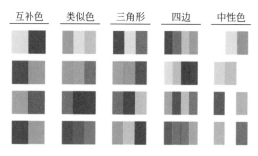

图 8-23 "艳"色调

没有一种色调能像"艳"色调那样充满活力。在空间中，最常用的是用"艳"色调进行点缀，抑或是为公共空间提供充满活力的大胆配色方案，从而使空间充满活力（图 8-24）。

图 8-24 "艳"色调下各种颜色对比组合呈现

8.4 色彩和谐理论与色彩对比法则

颜色的和谐是基于两个或多个颜色组合而达到的理想效果。Pythagoras（毕达哥拉斯，公元前 580～公元前 500 年）是和谐理论的创始人，最初是一种数学理论。美国物理学家 Deane Judd（1900～1972 年）认为色彩和谐是指在邻近地区看到的两种或两种以上的色彩，产生令人愉悦的效果。然而，哪种组合能产生令人愉悦的效果是一个数百年来一直备受关注的问题。纵观所有艺术表达的审美原则，"统一"和"对比"，两个永恒不变的主题。对于颜色组合在一起的和谐性，也是遵循了"统一"和"对比"两个原则。

在 20 世纪早期，奥斯特瓦尔德（Ostwald）、孟塞尔（Munsell）和伊顿（Itten）都对色彩和谐做出过重要的贡献。奥斯特瓦尔德和孟塞尔的共同点是使用色立体或色彩体系来表示颜色之间的关系，即一种因为有序变化而带来的和谐，因此他们也是色彩搭配和谐"统一"原则的代表（图 8-25）。

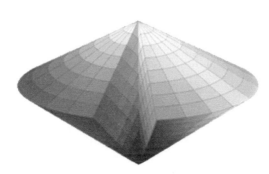

图 8-25　色彩搭配和谐实例

8.4.1　色彩和谐理论

（1）奥斯特瓦尔德与孟塞尔的色彩和谐理论

孟塞尔色彩系统是以明度、饱和度和色相感知为基础的。他把颜色样本排列成色彩树，树干代表从黑色到灰色到白色的无彩色，每根树枝代表一种色相。离主干越远，其饱和度越大。这一系统的基础色相是：红、黄、绿、蓝和紫色。孟塞尔推测，如果一幅图像给人的整体印象是以灰色（中性灰色）为中心，那么它看上去就会很和谐。为证明这一点，他将颜色区域的颜色强度计算为其面积、明度和饱和度的乘积。因此，一个小面积高色彩强度的色彩与大面积的低色彩强度的色彩相平衡。在色彩平衡中，较强的色彩应该占据较小的面积来平衡较弱的色彩。面积应该与孟塞尔明度值 V 和孟塞尔饱和度 C 的乘积成反比。

计算公式见图 8-26。

其中 A 表示面积

孟塞尔色彩和谐的实用原则是建立在这样一个理念之上的：只有当色彩位

$$\frac{A_1}{A_2} = \frac{V_2 C_2}{V_1 C_1}$$

图 8-26　计算公式

于孟塞尔色彩空间中的特定路径上时，它们才能和谐。这些路径包括：同一灰度的颜色、相同孟塞尔色相和饱和度的颜色、具有相同明度和饱和度的互补色、颜色的明度和饱和度有序递减以及在孟塞尔空间中处在同一椭圆轨道上的颜色等。

孟塞尔的贡献在于，他把色彩的三个属性都按视觉间距排列到了色彩系统中。

（2）约翰内斯·伊顿的色彩和谐理论

在艺术审美中，"对比"则是体现层次感、活跃感和生动感的途径。由此，约翰内斯·伊顿（Johannes Itten）在进一步发展了歌德关于颜色对比的观点之后，在一篇文章中写道："所有的感知都是在对比中发生的，没有任何东西可以独立于其他不同的东西而存在。"伊顿是包豪斯最早的色彩构成大师之一，他提出所有的视觉感知都是特定色彩对比的结果。这些对比包括色相对比、明度对比、饱和度对比、同时对比、面积对比、冷暖对比等。

8.4.2　色彩对比法则

（1）色相对比

色相对比是以色相环为依据，寻找色相环上有规律的距离的颜色组合。

首先，色相环上两个相对的颜色组合称为互补色对比。互补色对比是所有配色方案中对比最鲜明的，呈现出颜色组合的冲击感，在自然界中，春天的花开、雄性鸟类等都历经自然选择，通过对比色以最大限度地加强吸引力。

分离补色是互补色的一种变体，主色与补色相邻的两种颜色相结合。分离补色仍然有很强的视觉对比，但不像互补配色那么强，更赏心悦目。分离补色看起来对比也很强，但更精致，这也是它在设计和艺术作品中被广泛使用的原因之一。

色相环上间距相等的三个颜色形成一个等边三角形，称为三角形配色。三角形配色是非常大胆的，结合了位于色相环上完全不同部位的颜色。三角形配色组合实现强烈的视觉对比。

（2）明度对比

明度对比是指颜色明暗的对比。两个相同色值的颜色块，在明度不同的背景下，呈现出视觉上的差异其本质是背景颜色对其上颜色的影响。图 8-27 的色彩的明度对比中，在浅色背景上的浅色总是比在深色背景上相同的浅色显得更暗。

图 8-28 例子中，如果色条是浅色的，那么在明度高的背景下显得更深；如果色条是深色的，那么在明度高的背景下则显得更深。

（3）饱和度对比

图 8-29 中可以看到，在饱和的背景色下，蓝色块比它在不饱和的灰色背景下显得更明亮。

在图 8-30 中，同样是饱和的红色背景与饱和度最低的灰色背景，如果色块变成了无彩色，那么它就会受到背景色的影响，左图中的灰色块略带红色，而右图中的灰色块则更深。

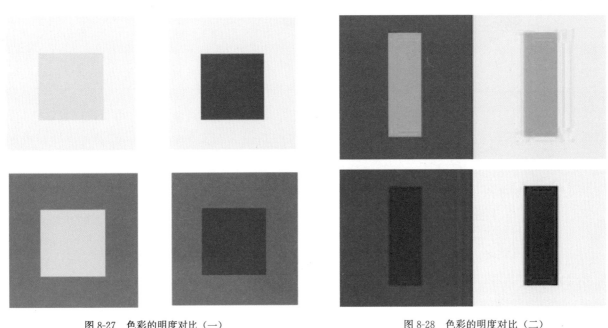

图 8-27　色彩的明度对比（一）　　　　　　　　　　图 8-28　色彩的明度对比（二）

图 8-29　色彩的饱和度对比（一）　　　　　　　　图 8-30　色彩的饱和度对比（二）

122

（4）同时对比

同时对比是对视觉现象的整体解释，指的是我们如何感知两个相邻颜色或相邻颜色对彼此的影响。因为颜色不是孤立存在的，它们不仅受周围环境色彩的影响，也会影响周围的颜色。同时对比也可以看作是一种颜色在色相、明度和饱和度上对相邻的颜色产生相反的效果，并相互影响的趋势。同时对比也会反映在颜色的明度和饱和度方面。例如，白色放在黑色旁边会显得更白，黑色放在白色旁边会显得更黑。根据伊顿的说法，这种同时发生的效果发生在任何两种不完全互补的颜色之间。两者都倾向于将对方转变成自己的互补色。

以下是一些同时对比的现象：当两种互补的颜色放置到一起时，同时对比会更加强烈，所以，互补色放在一起时，两个颜色都会显得更加明亮和强烈；例如，绿色在红色旁边显得更强烈，红色在绿色旁边显得更强烈；蓝色和橙色相邻，橙色和蓝色都会显得更强烈（图8-31）。

两个颜色之间的距离也会增强颜色的同时对比。相邻的颜色越靠近，同时对比的效果就越强（图8-32）。

如果两个颜色并置在一起对比的效果非常强烈时，加入中性色，就能缓冲两种颜色的对比（图8-33）。

饱和度也起到一定作用，当相邻的两个颜色饱和度高时，同时对比增强；如果它们的饱和度较低，那么同时对比就会比较弱（图8-34）。

（5）面积对比

面积对比是通过控制一种颜色相对于另一种颜色的比例而产生的对比。面积对比带来的影响是颜色的明度与饱和度的变化。图8-35中的两个绿色块，面积大的绿色比面积小的绿色饱和度显得更高。

图8-31 互补色并置加强同时对比

图8-32 色距对同时对比的影响

图8-33 中性色对同时对比的缓解

图8-34 饱和度对同时对比的影响

图 8-35　色彩的面积对比（一）

在面积对比中，颜色的使用比例也会影响图像的平衡感。在图 8-36 中的红色、绿色组合中，左边的图显得更加平衡是因为这两个色块面积大小与强度相同。

图 8-36　色彩的面积对比（二）

颜色面积对比也会因为不同的色相而改变规律。下一组示例使用橙色和蓝色。从第一个样本中可以看出，当橙色和蓝色的比例相等时，它们不能很好地保持平衡。蓝色似乎是更主要的颜色。如果比例变成了 1/3 蓝色和 2/3 橙色，让橙色有更多的机会发挥自己的力量，那么颜色看起来就平衡了。这是因为同样的明度下，蓝色比橙色显得更深更重（图 8-37）。

图 8-37　色彩的面积对比（三）

但同样的，如果把其中一个颜色的面积变小，则它的强调效果就体现出来了（图 8-38）。

图 8-38　色彩的面积对比（四）

（6）冷暖对比

冷暖对比是指某些颜色（如红色、黄色）与温暖的感觉有关，而其他颜色（如蓝色、绿色）与凉爽的感觉有关。这种有心理反差的颜色组合在一起即能产生不一样的美感。

从心理学的观点来看，暖色和冷色与每个人的心里感知有关。暖色让人联想到兴奋、能量和热量；冷色与放松、平静和低温有关。从生理学角度来看，当我们在比较两个相同明度或强度的冷色和暖色时，暖色比冷色显得更淡或更亮，也就是明度更高。同时，暖色具有前进感，冷色则给人以后退感。图 8-39 中可以明显地看出，蓝色背景上的红色比红色背景上的蓝色更具有前进感。

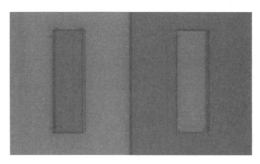

图 8-39　色彩的冷暖对比

这种色彩的空间效应，即颜色的前进或后退，与我们对颜色的感知有关。在画面中，暖色有前进感，冷色有后退感。蒙德里安（Piet Mondrian）的作品就是一个很好的例子。画面中的暖色与冷色形成了丰富的空间层次（图 8-40）。

另外，冷暖色饱和度的变化也会对这种对比的强度产生影响。图 8-41 中，左侧两个彩色块饱和度较高，此时冷色后退，暖色前进。而在右图中，当黄色的饱

图 8-40　蒙德里安的绘画作品，体现了色彩的冷暖
对比关系

图 8-41　冷暖色饱和度的变化

和度降低后，如果仔细观察会发现，冷色
有前进感，暖色有后退感。

这个现象也出现在了蒙德里安的另一幅
绘画作品中。在这件作品中，蒙德里安故意
颠倒了这种效果，他将红色的饱和度降低，
使得蓝色产生了视觉上的前进感。蒙德里安
的许多作品都是基于对人类视觉感知和色彩
理论的研究上的，甚至可以理解为是通过绘
画的形式进行的色彩实验。蒙德里安成功地
运用了视觉特征和感知特性，用色块创造出
了感知世界的新方式（图 8-42）。

图 8-42　蒙德里安的绘画作品，降低红色饱和度，
使蓝色产生前进感

8.5　空间中的色彩和谐

8.5.1　空间中色彩的功能

颜色从被人类描述和认识的那天起，
就承载了沟通和表达的意义。可以说，颜
色是一种没有界限的通用语言，在空间设
计中，就可以借助颜色起到警示、标示和
引导的作用。在商用、医疗卫生等空间环
境中，颜色可以实现其重要的功能性作
用。在空间中，色彩可以起到改变重心、
扩大或缩小空间尺寸、使空间实现前进或
后退感等视觉感受。

（1）色彩对空间大小的影响

颜色可以改变空间的面积感。浅色的
顶棚、浅色涂料与深色地板的组合可以让
空间显得更大。但当面墙涂料变成高饱和
度色彩时则会让墙面产生前进感，令空间
在视觉上变得更小。

（2）色彩对空间重量感的影响

颜色的饱和度决定了物体的大小和重
量，饱和度高的红色在一群低饱和度的色
块中显得质量重、面积大，起到夺人眼球
的效果。在空间中，如能巧妙地将色彩饱
和度高的装饰品进行很好的运用就能在不
打乱整体空间色调的基础上给空间增加灵
动性。

（3）色彩对空间使用者温度感知的
影响

相较于暖色调的空间，冷色调的空间
通常会让空间使用者感到更加凉爽。另
外，有研究表明，与涂成红色的房间相
比，深处涂成绿色的房间对时间的感知速
度更快；相较于"黯""烟""幽"等色
调，在"亮""艳"色调的房间里，会让
人感觉时间过的相对更快。

色彩是空间设计中呈现美感与传递情
感极好的工具。在空间中不同界面承载的
色彩在面积上有很大差异，通常情况下占
比最大的是墙面、地面和顶棚，其次是家
具和软装，最后是起到点缀作用的空间内
饰品。这些颜色之间需要形成统一且具有
层次感的视觉效果才能达成色彩和谐的

效果。

综合历史上的理论与实践可以总结出色彩和谐的基本原理，颜色搭配和谐的要点和精髓与审美的普遍原则高度一致，"统一"与"对比"是其中较为普遍的两种原则。

8.5.2 单色空间的色彩和谐

各色彩元素的组合在视觉上形成有规律的节奏感是统一原则达成的核心。这与奥斯特瓦尔德、蒙塞尔等颜色标准体系的色彩搭配理论相符。具体来说，是色相、明度、饱和度的有序变化。有序，意味着颜色的组合符合人的视觉对美的基本需求。

单色的空间用色是指空间中有一个色相起主导作用，但单色空间并不意味着空间色彩的单调乏味，相反明度和饱和度的微妙变化，可以让单一色相的空间创造出丰富的色彩氛围。因此，相同色相的不同明度或饱和度的有序变化，都是构成空间色彩丰富和谐的重要基础。同时，由于每一个色相所承载的意义以及让人产生的联想都不同，相应的由色调变化所传递出的情感也是极为丰富的。另外，在光的作用下，单一色相和不同的材质、工艺、图案与肌理等组合在一起同样能创造出不同层次的美感。

（1）红色

见图8-43，红色是一种代表兴奋和激情的颜色。如此具有视觉冲击力的颜色能立即吸引人的注意力。如果是非常饱和的红，建议小面积使用，令空间充满力量与热情，凸显出与众不同的色彩气质。

图 8-43　红色

红色能提高心率并引发人的食欲，所以红色也常被用在厨房和餐厅空间中，在卧室空间中则应尽量避免大面积地运用饱和的红（图8-44～图8-46）。

图 8-44　"浓"调子的红色作为搭配色使用在以白色为主色调的空间中，可以体现较为高贵的空间气质

图 8-45　在商业空间中可以对红色进行更为大胆地使用，令空间呈现出与众不同的高级感

图 8-46　"浓"色调的红色在室内适于小面积使用，利于呈现出高贵和温暖感

（2）橙色

见图 8-47，这种充满活力的颜色给空间带来积极性和创造力。饱和的橙色是一种令人愉悦的颜色，能让人感到温暖和精力充沛。在空间中则可以营造出热情和富有动感的色彩感受打造出年轻的氛围感（图 8-48）。

图 8-47　橙色

图 8-48　在商业空间尤其是与餐饮有关的空间中，"亮"色调的橙色令人心情愉悦

（3）黄色

见图 8-49，在空间中使用黄色可以让空间使用者感受到阳光般的温暖与乐观的情绪。这种充满活力和自信的颜色令人心情愉悦。也正因如此，高饱和度的黄色不适于在卧室空间中大面积使用。"苍""烟""浅""混"色调的浅黄色，都是室内设计中常用的色彩选择（图 8-50 ～图 8-53）。

图 8-49　黄色

（4）绿色

见图 8-54，绿色是一种与治愈、繁荣、重生、和谐、安宁有关的颜色。在色相环上，绿色在暖色和冷色之间处于平衡的位置，不仅可以传达出黄色的外向、活

图 8-50　"亮"色调的黄色小面积使用，为空间增添活力，形成较为年轻的室内环境氛围

图 8-51　若在卧室空间中使用黄色，建议从"烟""浅"和"混"色调选取，这种饱和度不高的色调可以给人带来安静的感觉

图8-52 "苍"色调的黄色为明亮的空间增添设计感

图8-55 "黯"色调的绿色结合盥洗室中黑色的边框和灰色图案的瓷砖，形成了高贵的视觉形象

图8-53 Urban Station
(位于阿根廷布宜诺斯艾利斯巴勒莫苏荷区的办公空间，此空间与咖啡店结合。空间中明亮的黄色，提供了一个积极的工作环境和舒适的休闲环境。这个融合了办公和休闲功能的空间，通过黄色实现了很好地结合)

图8-54 绿色

力的一面，还承载了蓝色的平和与冷静（图8-55、图8-56）。

用绿色来营造室内空间可以形成一种平衡、和谐的空间氛围。由于绿色可以舒

图8-56 不同明度的绿色在橱柜和墙面同时出现，形成丰富的空间层次（一）

缓人的视觉疲劳，因此常通过绿色为空间提供松弛、宁静与清新的氛围。如同其他色相一样，明度和饱和度的变化会使绿色传递出各异的情感。例如偏黄色的绿与偏蓝色的绿就会有各自不同的性格。

（5）蓝色

见图8-57，蓝色传递出了稳定、智慧的情绪，使其适合运用在居家的客厅、办公和公共空间中。

图 8-57　蓝色

低明度高饱和度的蓝色呈现出男性化、工业化的特征，而高明度、低饱和度的天蓝色又呈现出天真、纯净的一面。

蓝色的大面积使用会给人以寒冷、暗淡的感觉（图8-58）。

图 8-56　不同明度的绿色在橱柜和墙面同时出现，形成丰富的空间层次（二）

图 8-58　蓝色调的室内空间（一）

图8-58　蓝色调的室内空间（二）

（6）紫色

见图8-59，紫色兼具了冷色的沉静与暖色的热情，是一个相对较为复杂的色相，紫色的特点和粉红色类似，偏冷和偏暖的紫色呈现出的气质非常不同。含蓝色更多的紫偏冷，色彩气质偏男性化且有智慧感；含红色较多的紫偏暖，更加具有女性化特质且具有一定的神秘感。紫色还呈现出一种其他颜色无法带来的精致、优雅和奢华感（图8-60）。

图8-59　紫色

（7）粉色

见图8-61，粉色在红色基础上演变而来的一种色调。在红色中加入白色而呈现出的粉红色是年轻、清纯、可爱的象征；在红色中加入紫色而呈现出的粉红色，则一改天真的气息，呈现出一种性感、热烈的色彩气质（图8-62）。

（8）棕色

见图8-63，棕色是明度低饱和度高的橙色，也是红色和绿色两种对比色相互叠加的结果，在天然材料中常常能看到棕色的身影，比如木材、泥土、陶沙等材料的色彩，因此棕色天然地拥有大自然的气质。

图8-60　紫色调的室内空间

图8-61　粉色

棕色可以代表永恒与经典，同时也具有现代感。明度从高到低的各种棕色，都可以和其他颜色很好地搭配在一起使用（图8-64、图8-65）。

图 8-63 棕色

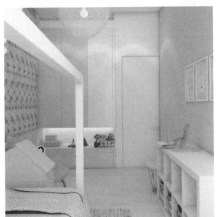

图 8-64 "混"色调的棕色可以增加室内空间的舒适休闲感

8.5.3 空间中色彩的有序变化

（1）色调有序变化

色调的有序变化是单色配色的特色之一。在一个单独色相的基础上，通过明度和饱和度的有序阶梯递进或递减所带来的色调变化组合，是空间色彩让人产生愉悦感的方法之一（图 8-66、图 8-67）。

图 8-62 粉色调的室内空间

图 8-66 "浅"色调＋"亮"色调＋"浓"色调的青色搭配，形成单一色相的色调有序变化

图 8-67 "烟"色调＋"幽"色调＋"黯"色调的橙色组合，温暖而舒适

（2）色相有序变化

色相的有序变化意味着强度一致的一组色彩组合，其中的色相呈现出规律性的变化，从而在整体上呈现出和谐的色彩组合氛围。此处的"强度"是指颜色的明度与饱和度（图 8-68）。

图 8-65 不同明度的棕色组合形成丰富的空间

图 8-68 同属"苍"色调的蓝色、红色与黄色的组合，呈现出色相有序变化的特征

8.5.4 空间中色彩的对比搭配

在审美要素中，节奏感和层次感常常是通过对比的手法实现的。在颜色搭配的和谐规律中，以色相环为基础的配色手段，是颜色组合通过"对比"产生美感的重要途径。

（1）类似色配色方案

在十二色的色相环中任意相邻的颜色称为类似色。类似色组合在自然界中很常见，类似色的配色方案可以减弱色彩间的对比。相比于单色配色方案会形成更丰富的色彩氛围，且更容易达成色彩的和谐。

在空间中使用这种方法时要确保色彩间有足够的反差（包括明度、饱和度和面积的反差），使空间层次更丰富（图8-69～图8-73）。

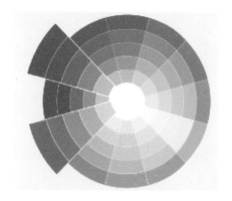

图8-69　十二色色相环

图8-70　"浅"色调下的蓝与紫的同类色组合，呈现出轻盈、柔美感

图8-72　绿色和黄色在色相环上是类似色组合，它们间的组合产生了和谐的效果

图8-71　同样是"浓"色调下的蓝与紫的同类色组合呈现出深沉、雅致感

图8-73　"混"色调的绿＋"浅"色调的黄，点缀了"亮"色调的橙色灯具，和谐舒适，一抹"浓"色调的红色鲜花，给整个空间增添了生动的气息

（2）互补色配色方案

互补色是色相环上相对的两种颜色。互补的颜色创造了最大的对比度，可以营造出充满活力的空间色彩氛围（图 8-74）。

因为互补色对比会形成较为强烈的视觉对比，因此在室内空间设计中使用时可以通过改变其明度和饱和度进行搭配。同时注意调整颜色的面积比例。此外，还可以通过搭配辅助色，在两个饱和的互补色之间增加一个类似色，以减缓互补色之间的冲突（图 8-75）。

（3）三角形配色方案

三角形配色方案由色相环中间距相等的三种色相组成（图 8-76）。

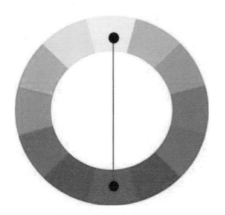

图 8-74　色相环中相对的两种颜色形成互补色

图 8-75　红绿互补色在室内空间设计中的运用

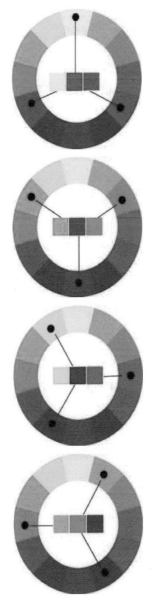

图 8-76　三角形配色方案

在使用这种配色方案时，可以通过改变其明度和饱和度进行搭配。也可以将其中一种颜色的强度降低，将其作为空间的主色，其他颜色则作为强调色使用。或者将一种颜色设置为饱和的颜色，然后将另外两种颜色的饱和度降低作为辅助色则使用。

（4）分离补色配色方案

在色相环上犹如一个等腰三角形，由任意颜色及其补色的左右两个类似色构成，也就是添加了互补色的类似色配色。这种颜色组合没有互补色配色方案强烈，同时又增加了类似色的统一感（图 8-77）。

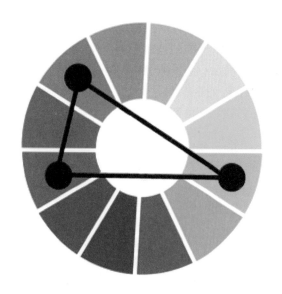

Split Complementary

图 8-77　分离补色配色方案

在空间中进行运用时，可以适当改变
它们的色彩强度再进行搭配。也可以改变
其中一种颜色的强度后使其作为主色，其
他颜色作强调色使用。或者将一种颜色设
置为饱和的颜色，另外两种颜色作为辅助
色，辅助色应尽可能选择"烟""混""浅"
的色调。形成以色彩舒适度较高的空间。

（5）四边形配色方案

色相环上可以形成正方形和长方形的
颜色组合，也可看成是两对互补色进行配
色的结果。因此，这样的颜色组合，既有
冲突，又有调和，色相丰富，会形成天然
的层次感，也更需要小心控制颜色的面积
使用。在空间中使用时，可以适当改变其
明度和饱和度，采用"苍""烟"等色调
进行搭配。当使用其中一种颜色作主色
时，应减少其他颜色的使用面积。应以中
性色为主色，其余饱和度高的颜色为点
缀色。

（6）中性色配色方案

中性色包括黑色、白色、灰色以及
"烟""混""幽"色调中的颜色，在空间
中运用时容易与其他色调进行搭配
（图 8-78）。

图 8-78　中性色为主的空间配色方案

136

8.6 色彩在室内空间中的应用

色彩在空间中的作用体现在色彩的功能性、色彩组合带来的审美情趣和美感以及色彩的情感表达。色彩与光源、空间中的材质等元素结合，满足使用者对空间的色彩需求。

如同色彩是所有产品在外观上首先吸引人的要素一样，一个空间的色彩也会在感官上给人留下深刻的第一印象，并向使用者传递不同的色彩情感。室内空间的配色方案是将抽象的色彩与色彩理论通过材料、肌理等实现物质实现的，这一过程综合了知识、常识、审美情趣和技术手段，需要创造力、判断力和经验的共同作用。Pile，J.（1997）认为，就像一个人不可能在没有设计图和施工图的情况下就开始建造一座建筑一样，我们也不应该在没有材料与肌理规划的前提下就开始在室内空间中使用色彩。

理解了色彩对人生理与心理的影响、色彩在不同文化语境下的呈现以及色彩的各种象征意义，就为色彩在室内空间中的良好运用奠定了坚实的基础。

8.6.1 室内色彩运用的三个原则

色彩在室内空间中的运用需要注意三个 W，即：WHAT—用什么？WHO—什么人用？以及 WHERE—用在哪里？

（1）WHAT—用什么？

一个空间可以通过色彩的设计实现高度的个性化，但在进行色彩设计之前需要对这个空间的性质以及空间使用者的审美偏好做前期的定位分析。例如，医疗机构的空间需要明度很高的色调来体现清洁和平静，在候诊区可以使用暖色调增加温馨感，减少焦虑感；高饱和度的颜色可以用于对不同区域的界定划分；餐饮空间可以选择明亮的橙色来增加顾客的食欲；对于相对较私密的空间，色彩则应更多的融合空间的功能、用户的喜好等因素，最终形成一个有个性、有温度且具有较强归属感的空间。

（2）WHO—什么人用？

我们需要对空间的使用者（即空间色彩的感受者）进行前期的预判、定位与分析。例如可以从年龄的角度切入分析使用对象是儿童、青年人还是老年人。婴儿的色彩知觉是一步步发展成熟的。婴儿刚出生时所看到的世界是极为模糊的，随着年龄的增长，物体的轮廓越来越清晰，出生两个月后可以分辨静止状态的红绿色，3个月大时才能逐渐分辨出蓝色。4～5个月时，他们已经能够分辨同一个色相的不同明度了，即颜色的深浅变化。6个月左右才开始逐渐接近成人的清晰度，但对色彩饱和度的分辨力仍然偏低，即判断颜色是否艳丽的能力。到7～8个月时，婴儿可以分辨出不同材质同一色度的两种颜色。这个阶段的婴儿已经可以对材料的不同色彩进行判断了。一岁左右婴儿对色彩的自然感知能力基本发育完全。而对于老年人来说，由于视觉分辨率的下降，所有的颜色都会变暗。有研究表明，老年人对蓝色和紫色的感知能力会逐渐降低。因此，针对老年人的空间则需要减少高反光材质的使用，同时增强色调的饱和度以达到提醒以及提高愉悦度的作用。另外，不同的职业背景，不同地域的人，不同社会经历的人，对空间的诉求都不一样。

（3）WHERE—用在哪里？

不同的地区、文化和社会环境等都会影响相应空间的色彩方案。地区决定了空间所处的气候条件，文化特质和社会环境也会决定空间用色的倾向与禁忌。

8.6.2 室内色彩运用需考虑的六个因素

（1）室内空间结构

首先，空间的尺寸和结构决定了空间色调的基础，色彩的面积以及色彩间的组合关系也与空间的现状直接相关。另外，空间使用者的动线，以及空间结构的一些特殊形式，也关系到用色的节奏感。一些较为特殊的空间形式，例如非常狭长的空间，可以通过对饱和度较高的色彩的运用从视觉和心理两个方面起到一定的平衡作用。

（2）室内空间功能

对于青年人的居住空间要考虑到使用者会在卧室里同时进行学习、社交和休息等活动，相对冷的色调和弱对比的颜色组合既有利于良好的睡眠，也能带来个性化体验，因此比较适合于这类空间。相较而言成年以及老年人群体的卧室功能性相对单一，大多只是作为休息和放松的地方。暖色调的卧室更让人放松，因此，可以与此类空间形成较好的匹配关系。

以此类推，针对酒店、餐厅、办公、学习、健身等空间环境同样需要根据各种复杂的功能诉求选定空间的色彩、材料与肌理。

（3）室内空间朝向

在选择基色进行色彩设计前，必须考虑到房间的朝向。例如在北半球进行卧室色调的设计时，如果房间窗户是朝北的，自然光中的冷色光谱会带来偏冷的感受，为了让房间看起来更暖，应更多地考虑选择暖色色调。若窗户朝南，空间会显得更加明亮温暖，这时则不妨选择适当的冷色进行搭配。

（4）室内空间元素

另一种选择颜色和色调的方法是根据空间中各元素的使用情况，包括家具、窗帘、沙发、床品、地毯、装饰品、艺术品等。一个空间的色彩规划是围绕所有的空间元素来创建配色方案的。选择一种颜色成为基色或主色之后，利用对颜色和谐度、色调、材料与颜色的关系等知识，来选择与之相配的颜色。

（5）空间情感与风格

在室内设计过程中，一项十分重要的工作就是对空间情感与风格的定位。在此需要厘清的是空间需要表达出的情感，以及与此情感相匹配的色彩风格。在此基础上才能展开设计，用对应的色彩、材料以及不同的工艺手法、肌理等通盘考虑，将空间设计看作是放大的画布，考虑节奏、层次、虚实等关系，用色彩的调性去实现这些审美需求。

（6）空间使用者生活方式

空间使用者的生活方式也在很大程度上影响着颜色的选择。生活方式之于空间，就如同性格之于人，追求热闹的生活方式与追求安静的生活方式所采用的色调自然也会有所区别。

通过生活方式、用户的期待和诉求、空间的功能性和地理位置，确定了空间想要表达出来的情感和相应的风格，由此创建初步的调色盘；再依据照明光源、空间元素的材质、肌理和图案，进一步明确颜色设计方案。

综合这些设计中需要考虑的因素，为室内空间开发合适的配色方案就进入到了实质性的阶段。

8.6.3　室内色彩方案的生成

室内色彩方案的生成大致需要经过以下几个流程：创建颜色搭配初步方案、确定室内空间的元素、创建材料看板、色彩布局和空间设计、实际应用。

（1）创建颜色搭配初步方案

经过对室内色彩运用 3W 原则以及对 6 个要素的思考后需要借助标准色卡或涂料色卡进行构思、比对，从而甄选设计出初步的色彩搭配方案。

（2）创建材料看板

基于颜色搭配初步方案，考虑具体通过何种材料、肌理来将方案实现。可以采用各种供应商提供的色卡、饰面、贴面等样品创建材料看板，尽量采用与颜色方案一致的样品，同时必须要考虑到不同照明条件下这些样品颜色会产生什么样的改变。

（3）色彩的空间附着

确定好颜色搭配初步方案以及材料搭配图表后，下一步是将材质图表转换为空间信息，即通过空间建模将色彩带入进行整体判断。可以从占据较大空间的区域开始，如地板、顶棚、墙壁，或者从聚焦的关键元素开始，例如装饰画、艺术品等，这些将在配色方案中扮演关键的色彩角色。

（4）实际测试

由于空间尺度的关系，所有的色样在

实际使用中一定会产生或多或少的色貌偏差，从光的物理学角度理解，那是因为受光的表面积增加以后，会对光源的折射、衍射、漫反射等的作用产生更大的影响，例如，同样是光滑的涂料，大面积涂在墙面上与小面积涂在卡片上前者的色彩饱和度就比后者要高，因此，进行一些小区域的实际测试是非常有必要的。在此环节中特别要注意进行的是对照明光源的测试，以得到不同光源条件下各种材质的色彩呈现效果。

在室内空间中，颜色无处不在，它们附着在各种材质上在光的作用下呈现出各自不同的色貌。室内空间中的色彩相互作用，相互影响，在充分实现功能性的前提下也进一步表现了美感、传递了空间的色彩情感。

8.7　课后练习

（1）"苍、烟、幽、乌、浅、混、黯、亮、浓、艳"10 种色调中你最喜欢哪种色调？请结合一个国内外室内设计案例谈一谈你的感受与理解。

（2）在空间色彩设计中有哪几种常用的配色方案或思路。

（3）请选择 1～2 种常用的配方案或思路对你的居所进行一次色彩方案的改造设计。

第九课 作为整体的室内CMT（提升篇）

9.1 本课导学

9.1.1 学习目标

（1）了解色彩、材料与肌理在室内设计中的相互关系；

（2）掌握室内设计CMT思考体系的特点与方法；

（3）掌握CMT色彩、材料与肌理创造空间功能、增加空间层次、营造空间情感的基本方法。

9.1.2 知识框架图

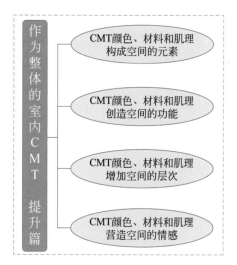

9.1.3 学习计划表

序号	内容	线下学时	网络课程学时
1	CMT 颜色、材料和肌理构成空间的元素		
2	CMT 颜色、材料和肌理创造空间的功能		
3	CMT 颜色、材料和肌理增加空间的层次		
4	CMT 颜色、材料和肌理营造空间的情感		

9.2 CMT 构成空间的元素

空间中的色彩通常会第一时间在美感、情感以及功能等多个方面与空间中的人产生互动。对色彩的理解，从基本色相开始，到因为明度和饱和度的变化而创造出的各种色调，给空间使用者带来不同的心理感受。

想象一下，一个米色的瓷砖墙面和一个米色的皮质沙发，前者会给人光滑凉爽的感觉，而后者则会给人带来温暖和舒适。值得再一次强调的是，室内设计中的色彩是结合了材料以及材料表面的各种肌理而形成的整体色貌，也由此形成了色调的丰富性。因此，通过把具有吸引力的颜色、材料和表面肌理的物品进行搭配，不仅服务于功能需求，还创造了更好的用户体验，并在情感上影响我们，营造出风格鲜明的室内空间。

在工业设计领域，产品的颜色、材料和由工艺形成的表面称为 CMF（Colour，Material，Finishing）。CMF 支持了产品的功能性，并在视觉和情感层面影响我们，是功能和美学的完美平衡。正如颜色是经由感觉、感知到认知对我们产生影响的，人类也是通过视觉、听觉、味觉、嗅觉和触觉来解释和感受周围世界的。一个物品的材质给人带来的感受同样是由各种感觉系统引发的。

如果将产品放大到一个室内空间的尺度，对于室内整体的色貌以及色调的和谐则是由室内不同的元素组合在一起形成的，正是这些不同的元素各自承载了不同的颜色。包括墙面、地面、顶棚、家具、窗帘、沙发等软装以及装饰品等，当然，还有灯光本身的颜色以及受不同灯光颜色改变的室内元素的色彩，我们称为 CMT（Colour，Material，Texture），即颜色、材料、肌理。试想，你正坐在一张由花岗石这样的坚硬材料制成的椅子上，它的外观也许是美丽的，但可能缺少你需要的那种亲近感。从中可以看出只有将颜色、材料与肌理结合在一起，才能完整全面的对空间进行思考和评价。CMT 不仅表达色貌，更是所有感官共同作用下传达空间情感的重要载体。这就是 CMT 空间设计体系的最大特征，即：利用颜色、材料和肌理所带来的不同效果创造各种形式的空间。你可以发挥自己的想象，你的脚趾踩到白色柔软的地毯，手触摸着粗糙的原木桌面，身体陷进棕色皮沙发里，视线所及的天花板上的吊灯是透明的水晶灯，书架上黑色铁艺的相框等，无论你是否与空间进行身体接触，都能感受到颜色、材料和肌理的力量（图 9-1）。

图 9-1　海吉布艺术涂料粉刷后的墙面肌理

墙面：有常见的乳胶漆，在色彩应用宽泛的乳胶漆使用中，艺术涂料的利用以它各异的施工手法给墙面带来无限的质感和视觉效果。有黑板效果、彩色清洗、干刷手法、裂纹、布纹、海绵擦拭效果、条纹、笔簇等绘画效果、金属感、各种海吉布纹样与涂料结合的效果等。另外还有壁纸、壁布等通过丰富的图案形态为墙面带来各种视觉效果的材质。

地面：有天然木材和人造木材的地板、地毯、瓷砖、石材等材质的组成。

家具：家具的材质也是由木材、人造板、皮质材料、石材以及玻璃、镜面、金属、塑料等组成。与地面和墙面一样，家具也因为不同的材质而呈现各异的色调（图 9-2）。

软装：软装部分各种天然面料如亚麻、黄麻、蚕丝、棉布、羊毛、马海毛、羊绒、驼毛的使用，以及人造纤维、醋酸纤维，人造丝、三醋酸纤维和改性人造丝、改进的合成纤维丙烯酸、尼龙和聚酯等，都以其不同的产品特性赋予窗帘、床品、靠垫等不同的触觉、视觉和使用感受（图 9-3）。

对于空间内的饰品来说，可用的材料更是众多。因此，室内各元素的颜色、材

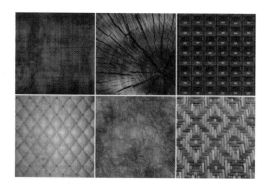

图 9-2　家具的色调

图 9-3　软装

触相似表面的记忆对材料的质地做出假设和联想。

可以说，CMT 颜色、材料加上肌理的整体考量是设计中十分重要的，尤其对肌理的思考，在提供视觉和触觉趣味方面是必不可少的，它加强了其他元素在传达设计理念时的情绪和风格。即使在颜色等其他元素有变化的情况下，过于单一的肌理也会产生乏味和令人不满意的空间体验。反之，在肌理丰富的前提下即便是少量色相和材料的使用，仍然可能营造出多样性与丰富性（图 9-4、图 9-5）。

料与肌理包括各种图案，传达了空间的情绪和风格，增加了室内的丰富性。

如第六课、第七课两课中提到的，从分类上看，材质的肌理可以分为触觉肌理和视觉肌理。触觉肌理是由物体的物理表面特征产生的，光线在肌理表面的波峰和波谷上的变化创造了高光和阴影，增强了视觉效果。触觉肌理涉及材料表面的实际感觉：光滑、粗糙、柔软、坚硬、有棱纹、颗粒状或凹凸不平的感觉。视觉肌理，也可以称为视错觉或模拟肌理，可以通过颜色或图案产生。一个特定的表面可以看起来与它的触感非常不同：看似光滑的表面也可以有视觉肌理，小面积的肌理也可以隐藏着丰富的图案，而人造工艺的手法可以模拟出很多材料，如木材、砖、大理石、丝绸或石头。视觉肌理是我们对肌理的感知。换句话说，人们经常根据接

图 9-4　同一色调的不同材质与肌理

图 9-5　同一色相的不同材质营造丰富的室内空间氛围

9.3　CMT 创造空间的功能

通过 CMT 体系可以影响光线的强弱与照射的角度增强材质的美感或淡化材料表面的原始缺陷。例如，强烈的光线从某一角度照射物体，使其表面呈现出高光和阴影，从而使材料表面呈现出自然浮雕感，营造材料表面的戏剧化；漫射光最大限度地消解材料表面的肌理感，缓和粗糙、凹凸不平的外观。通过 CMT 的恰当应用也可以影响颜色带给人的感受：光滑、抛光的表面能很好地反射光，吸引人们的注意力，并使颜色明度与饱和度都显得更高；粗糙和哑光的表面则不均匀地反射了光线，所以它们的颜色看起来更暗。

不同的肌理通过吸收、反射或扩散光与光间的相互作用可以为空间提供一定的功能性。在房间里使用光滑的反光材料，如缎子或丝绸，它们通过对光线的反射，使空间看起来更大、更轻。镜子、有光泽的金属元素和有光泽的墙漆也能达到同样的效果。这些材料可以使颜色看起来更深，也更饱和。粗糙的肌理通过吸收光线创造舒适的感觉。例如，动物皮、织物或羊毛制成的地毯使颜色看起来更精致。抛光的石头或木头、磨砂玻璃、磨砂金属或油漆也会使空间看起来更温暖。另外，与水平、垂直或斜线引导视线一样，带有方向性图案的肌理可以使表面看起来更宽或更高。粗糙的肌理也可以使物体看起来更近，减少它们的表面尺度，增加材料的

"重量"感。从远处看，较细的肌理图案会显得很更平滑。

选择不同的 CMT 组合有助于定义和平衡空间。如同饱和的颜色能成为视觉焦点一样，肌理的使用也可以增加视觉吸引力。试想，一个高光泽的物品在周围柔和的材质中势必成为亮点。与颜色的各种对比使用一样，把一个光滑的肌理并置在一个粗糙的肌理旁边，并利用距离来确定想要达到的视觉效果的微妙程度，是非常成熟的应用手法。粗糙的肌理更可能使空间感觉亲密和平易近人，而使用光滑的肌理给空间带来神秘和现代感。

另外，CMT 的组合使用可以起到为空间增加层次感的效果。例如，同一色相的不同元素，就可以采用不同的材质和肌理，起到整体统一又不失趣味性和丰富性的作用。因此室内 CMT 的精心组合十分重要。肌理图案的比例应与空间本身和空间内各元素表面的面积成比例。由于肌理可以在视觉上起到"填充"空间的作用，因此它可以让过大的空间在视觉效果上显得更亲和、更紧密，而对于过小的空间，又可以通过对肌理的特殊设计起到扩展空间的效果。

CMT 的合理使用还能起到便于室内空间维护的作用。光滑、平整的表面更易于清除灰尘和污渍。设计师还可以通过 CMT 影响空间的声学效果，不均匀和多孔的肌理会吸收声音，而光滑的表面会反射并放大声音。肌理的功能性甚至还能影响人的生理，例如多种材质的饰品也很适合小孩子的房间，在他们早期的发育过程中可以提供视觉和触觉上的刺激。

9.4　CMT 增加空间的层次

一个空间的成功设计，很重要的是取决于其丰富的层次感，在有序的前提下，让视觉充满趣味性是衡量空间设计好坏的重要评价标准。空间里的每一个元素都有"质感"，当室内空间需要增加质感时，从柔软的织物，到表面可触摸的较硬的材

料，均可以让空间的语言活跃起来。以地毯为例，只要将它放在一个关键位置，就可以迅速和室内其他元素融合在一起，不仅是厚重的、蓬松的地毯才能增加肌理感，编织的地毯也可以形成较为强烈的肌理感受。对于不同质地的靠垫来说，则可以将素色的丝质坐垫与亮片或刺绣图案结合在一起，形成有趣的对比，也会创造出别致的外观。如同单色配色方案中可以使用不同明度、饱和度来增加层次感一样，丰富材质的肌理维度后，也可以为单色和谐的配色方案带来更多的视觉层次体验。在色彩和谐原理之一的互补色配色中，使用相似的肌理有助于在整个空间中创建平衡感。因此，擅于运用对比的手法，是在空间设计中营造和谐感的秘诀之一，它可以在空间中增添大量的视觉趣味元素。如同颜色的互补对比能产生视觉冲击，肌理的混合使用产生的对比也是增加空间设计专业度并达到丰富视觉语言的手段。

与对色彩的感知一样，对肌理的感知也受到邻近表面的肌理、观看距离以及照明的影响。粗糙表面在光滑表面旁边看起来更有质感，如毛线、藤条或粗糙的原材料点缀在单色的光滑墙面旁；天然玛瑙和磨光木材，形成一个与织物肌理的鲜明对比。另外，有质感的墙壁和地板也是体现肌理的极佳元素，大理石地砖或光滑的墙面，可以很好地与粗糙、原始风格的家具搭配；喷涂有质感的艺术涂料与光滑的皮质沙发相配；温暖的壁纸、壁布或缎面搭配单色的、做工精良的家具等。值得一提的是，图案也可以给空间添加点缀性的肌理层次。瓷砖、地毯和壁纸等形成的图形元素，也可以影响空间的尺度与风格，并为空间增添视觉效果。

在空间层次感的体现上，装饰性的饰面是增加亮点的手法。带有微妙变化与戏剧性的视觉效果肌理、抛光的矿物、金属饰面和分层的彩色釉料增加了层次。一些软反射光线的材料，例如云母、铜、锡、青铜等，当然还有古旧感的银和金等，也会让空间显得更加活跃。当然，绿色植物也可以成为很好的点缀。

总的来说，明度高的如"苍"色调的空间，可以大胆地利用光线对肌理的作用，使用光滑的表面材料和粗糙的天然材质形成空间的层次对比。"乌"色调、"黯"色调这类低明度的空间色调，因为吸收了大量光线，为避免空间看起来黯淡，需要增加一些反射强的材料，例如镜面、金属、玻璃等。另外，照明也会对肌理的视觉质量产生影响，可以选择分层照明和高亮显示对空间进行点缀。大多数的空间都是谨慎的、不易出错的中性色调，如"混"色调和"烟"色调。要让空间避免单调和平淡无奇，可以结合一系列触觉和视觉肌理来增添空间的层次感（图9-6、图9-7）。

图9-6 同一色相的不同图案，也是创造层次感的手段

图9-7 柔软的地毯与工业感的氛围形成层次感上的对比

9.5 CMT营造空间的情感

如前所述，通过CMT体系可以转换光线、影响尺度以及创造空间层次，也可以传达特定的设计风格和空间情感。不同的CMT组合给人以不同的联想和感受，这与颜色所引起的情感和联想一样，与每个人的经历密切相关的。

我们常说成功的颜色组合能传递情感并带来和谐的视觉感受，颜色与承载它的材料和肌理的结合，成为营造空间不同氛围的重要支撑。

材质按照不同的心理感觉分类，可以分为以下几类：

冷与暖：材料的冷暖与材料本身的材质属性有关，材料的冷暖一是表现在视觉上，如金属、玻璃、石材，这些材质在视觉上偏冷，而木材、织物等材质在视觉上偏暖。二是表现在材料与身体的接触上，通过身体的接触感知材料的冷暖。柔软的装饰织物例如羊毛、毛毡等在触觉上感觉温暖，光滑的纺织品则感觉滑和冷，例如丝绸。材料的冷暖感是相对的，例如，石材相对金属偏暖，而相对木材偏冷。在设计中合理搭配，才能营造良好的空间感受。

软与硬：室内空间中材料的软硬会影响人的心理感受，如纤维类的织物能产生柔软的感觉，而石材、玻璃则能产生偏硬的感觉，材料的软硬都会表现出不同的情感特征，软性材料，给人以亲切、柔和、亲和感；硬性材料，给人以挺拔、硬朗、力量感。想要给室内空间营造出一种温馨舒适感，就需要适度的增加软性材料；想要给室内空间营造出一种稳重充实感，就要适度增加硬性材料（图9-8、图9-9）。

光滑的肌理反射更多的光，所以在视觉感受上显得更清冷、平静。凹凸起伏的肌理会吸收更多的光，所以它们传达了一种温暖的感觉，也增加了视觉上的重量感。

图9-8 水泥、玻璃、不锈钢等材质营造出"硬"与"冷"的感受

图9-9 纺织品、陶艺、植物呈现"软"与"暖"的感受

在充分理解"中国人情感色调认知"的基础上，应用色调带给人的情感词汇表达，通过材料以及各种肌理的呈现并结合色彩传递空间所要体现的情感，让一个空间的"外观"和"感觉"通过CMT颜色、材料和肌理的共同作用来呈现。

质朴的室内设计，可以通过中明度、中饱和度的"混"色调实现，同时利用自然元素吸收光线，如木材、石材、皮革，以及软地毯等，使空间温暖舒适；奢华的室内设计可以通过"浓""黯"色调呈现出低调的精致感，利用柔软的天鹅绒内饰可以营造出富丽堂皇却又不张扬的美妙感觉，而皮革地毯为空间增添了光滑的精致感；现代风格的室内设计，可以采用简单的配色方案，并采用反光肌理和光滑的材料，使空间看起来更具开放性。地毯搭配金属元素也是实现现代风格的材料选项；浪漫风格的创建可以通过"浅"色调以及地毯、刺绣织物、复古花边、柳条家具以及褶皱和饰带相搭配；打造女性化的氛围则可以通过选择柔软、细腻的面料来营造，纯朴的金属和丰富的木材会增加男性化的感觉，丝绸和天鹅绒的面料使空间更高贵，而斜纹粗布沙发和灯芯绒抱枕则增加了日常舒适的氛围。

由此可见，在空间设计的过程中，颜色、材料与肌理是三个综合的元素，结合了对线条、形状、图案、比例和光线的综合考量，成就一个成熟的、有序的、完整的方案。通过把具有吸引力的颜色，材料和表面肌理的物品合理搭配，把整个室内空间带到一个全新的水平。不同颜色，材料和表面肌理的物品不仅服务于功能需求，还创造了更好的用户体验，并在情感上影响我们，设计出真正打动人的室内设计方案。

9.6　CMT综合训练

9.6.1　主题色"苍"

见图9-10，主题阐释：整体只呈现浅淡的色相，白色的墙面和光洁的石英石地面组成的纯净客厅里，烟粉色丝绒落地窗帘从客厅尽头天花洒下来。浅驼色皮面沙发和花岗石小边桌下用柔软的淡粉色羽毛地毯环绕，银色洞洞金属茶几给空间添了几分个性。

家具中的黄铜五金活跃了气氛，浅灰色的电视柜上摆着不同质感的玻璃装饰，角落里的干花和白色石子用自然点缀了空间。白色桌布上的陶瓷杯是每天生活的开始。最后，哪个小公主的家里会缺一盏闪闪的水晶灯呢？

9.6.2　主题色"烟"

见图9-11，主题阐释：看板采用明度偏高饱和度偏低的色调材料进行组合，拟营造出一种闲适优雅的居家环境，使用动物皮毛、皮革、瓷砖、木材、陶瓷制品与金属零件等材料进行组合，划分室内的不同功能分区，丰富空间中的质感及层次感，满足居家布置中不同家具及器物的需要。

图9-10　主题色"苍"

（作者：胡淼、袁婧华、翟亚强，清华大学美术学院环境艺术设计系）

图9-11　主题色"烟"

（作者：徐婉婷、孙睿思、吴昊罡，清华大学美术学院环境艺术设计系）

9.6.3 主题色"幽"

见图 9-12，主题阐释：物料板的主色调是"幽"，以高纯色相和深灰色调为主，物料板主要以蓝色调为主，以大面积蓝灰色调织物、马赛克地毯以及窗帘墙纸为主导，加入深色木制家具作为点缀，在深色的环境中点缀少量亮灰大理石以及陶瓷质地的家具进行提亮，适当增加空间视觉上的对比。整体空间在暗沉的基调中形成幽静感，同时在亮色点缀中使得空间不过于压抑。

图 9-12 主题色"幽"
（作者：黄骊、刘明霈、王峥杰，清华大学美术学院环境艺术设计系）

9.6.4 主题色"乌"

见图 9-13，主题阐释：物料板整体使用"乌"色调，色调成熟稳重，使用于卧室。深蓝色的纹理布料为床垫，带花纹的布料为被子。背景墙为深棕色奠定整体房间基调，也有白色石砖提亮。深色原木家具和椰子壳作为点缀。

9.6.5 主题色"浅"

见图 9-14，主题阐释：这是一个充满春天气息的浴室空间，整体色调清新明丽。地板采用暖色调大理石，铺置白色天鹅绒地毯，墙面拼贴晶莹小巧的瓷砖颗粒，采用植物纹理装饰。落地窗前淡粉色纱质窗帘随风飘舞，拨动大理石浴缸边的一簇簇野菊花。室内陈设多以浅色大理石与玫瑰金色金属支架搭配设计，台面放置质感朴实的透明水晶原石做点缀。在清晨的浴室中泡一杯香浓的咖啡，听一曲班得瑞的《春野》，远望早春风光，感受浪漫、风雅、甜美的味道。

9.6.6 主题色"混"

见图 9-15，主题阐释：此主题是"混"色调，饱和度和亮度都居中，产生一种温馨、稳定的感觉。选择材料时先挑了几种灰色打底，之后加入色彩倾向明显、颜色温和的材料，同时考虑材质的丰富程度，完成作品。情绪样板用于近海地区住宅的客厅，墙面与顶棚以灰色为主，地面为木地板，主人有在海边拾取贝壳、石头的习惯，同时也有把玩手把件的习惯。

9.6.7 主题色"黯"

见图 9-16，主题阐释：适合安放在卧室的色系。对于选用材料的说明，油画质感的墙壁，深蓝色的毛绒地毯，深红色天鹅绒面搭配暗棕色系的家具皮面；线形金属和编织制品的装饰物；驼色麻线制品提亮。在有些凡尔赛风格的卧室内，放置禅意的茶具。

9.6.8 主题色"亮"

见图 9-17，主题阐释：本设计的色彩主题是"亮"色调，将此种色调理解为介于高饱和度与高明度之间的糖果色。因此选择将这类色调定位于儿童房空间中，以活泼的色彩表现纯真与童趣。主体使用了冷暖对比的撞色搭配对房间中的功能区域进行划分。同时在地板，墙壁等大面积的颜色上，添加少许低饱和度低明度的背景色，以衬托出家具、装饰等纯度较高的物品，加强欢快的空间氛围。

图 9-13　主题色"乌"
（作者：袁玮苊、间泱雯、杜铭轩，清华大学美术学院环
境艺术设计系）

图 9-14　主题色"浅"
（作者：李思雨、梁成思、王逸然，清华大学美术学院环
境艺术设计系）

图 9-15　主题色"混"
（作者：陈伊、邵若曦、武雨辰，清华大学美术学院环境
艺术设计系）

图 9-16　主题色"黯"
（作者：田宇嘉、蔺瑶、孙家鹏，清华大学美术学院环境
艺术设计系）

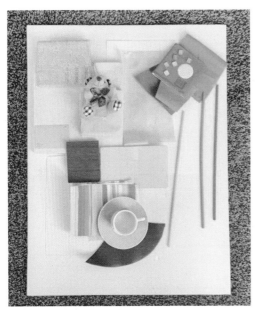

图 9-17　主题色"亮"
（作者：陈施羽、安卓尔、杨泽宇，清华大学美术学院环境艺术设计系）

9.6.9　主题色"浓"

见图 9-18，主题阐释：本组选取的色调是"浓"色调，饱和度中等偏高，而明度相对低，这样的色调会给人沉稳的感受。根据现场材料，选择了冷红色调。以

图 9-18　主题色"浓"
（作者：陈可欣、任羿铮、李叁陆，清华大学美术学院环境艺术设计系）

紫红色和米黄色的材料作为大面积的底色，之上放置深蓝色的绒毛地毯，红色大面积的是圆形沙发的颜色，茶几是稍浅些的红色大理石材质，其余地方以金色、带金线的不同红色丝绸做点缀，使得整个房间显得奢华低调，如同维多利亚时期法国夫人的沙龙客厅。

9.6.10　主题色"艳"

见图 9-19，主题阐释：该物料板模拟了厨房、客厅以及阳台三个空间，以红绿色调为主，以彩棍排列做屏风，点缀以透明红色玻璃与塑料。阳台点缀绿植，以鲜艳的红色盒子做沙发，上方布置鲜艳的花色枕头，使整个房间呈现出活泼的氛围。

图 9-19　主题色"艳"
（作者：曾书怡、胡旖旎、陆昊、韩禹，清华大学美术学院环境艺术设计系）

9.7　课后练习

（1）根据你对"苍、烟、幽、乌、浅、混、黯、亮、浓、艳"10 个主题色调的理解，从中选取任意一个主题色，运用身边能找到的材料，以白色 A2 尺寸 KT 板为底板进行色彩构成练习，表达所

选的色彩主题。应注意材料肌理、质感以及面积比例的相对和谐。

（2）在此基础上，选取一个与所完成的主题色契合度较高的常见空间类型（如：儿童空间、养老院、办公空间等）进行色彩投射，阐述作品与相应空间的关系或如何在空间中进行运用。

参考文献

[1] 苏谦. 材质之美——论室内空间中的材质设计 [J]. 室内设计, 2006 (03): 2-6, 24-28.

[2] 王京湖. 浅谈装饰材料在室内设计中的应用 [J]. 科技创新导报, 2009 (19): 129.

[3] 邢亚男, 魏薇. 软装饰材料在室内环境艺术设计中的应用研究. 大众文艺, 2015 (18): 第 89 页.

[4] 宋志春. 设计·材料·艺术魅力——浅谈材料在现代室内设计中的运用. 辽宁师专学报 (社会科学版), 2003 (05): 第 115-116 页.

[5] 海季平. 室内设计与材料应用. 西北美术, 2006 (01): 第 36-37 页.

[6] 马小川, 杨茂川. 室内设计与地域性材料. 艺术与设计 (理论), 2010.2 (03): 第 112-114 页.

[7] 周穗如. 室内设计中的材料组合创新. 四川建筑, 2009.29 (02): 第 74-75 页.

[8] 蔺泽丰. 室内设计中的材料组合模式研究. 成都: 西南交通大学, 2011.

[9] 向阳. 现代材料在室内设计中的运用与文化传承. 北京: 中央美术学院, 2008.

[10] 呼筱. 装饰材料在室内设计中的功能及生态环保研究. 青岛: 青岛理工大学, 2013.

[11] 王素骞. 装饰材料在现代室内设计中的应用. 石家庄: 河北师范大学, 2018.

[12] 甄凤爱. 基于仿生设计学中的材质肌理纹样在酒店的设计研究. 成都: 西南交通大学, 2017.

[13] 杨燕. 住宅室内设计中材料肌理运用研究. 武汉: 湖北工业大学, 2016.

[14] 梁怡. 室内设计中肌理元素的功能. 甘肃科技, 2016.32 (06): 第 101-102＋131 页.

[15] 马涛. 产品设计中的材料质感与肌理辨析. 家具与室内装饰, 2016 (03): 第 20-21 页.

[16] 顾星凯. 试论室内表皮材料肌理的精细化设计. 建材与装饰, 2015 (45): 第 107-108 页.

[17] 符霄. 基于地域文化的室内空间肌理设计. 艺术与设计 (理论), 2013.2 (03): 第 78-80 页.

[18] 符霄. 室内空间形态的肌理特性研究. 长沙: 湖南师范大学, 2013.

[19] 范伟, 符霄. 室内空间形态设计中的视觉肌理. 长沙: 中南林业科技大学学报 (社会科学版), 2013.7 (01): 第 122-125＋148 页.

[20] 熊兴福, 舒余安, 黄婉春. 析产品设计之肌理. 包装工程, 2005 (02): 第 145-146＋168 页.

[21] 李玲一. 肌理构成元素在室内设计中的运用. 重庆: 西南大学, 2016. 第 59 页.

[22] 潘娜. 肌理设计元素在室内设计中的应用研究. 哈尔滨: 东北林业大学, 2012. 第 69 页.

[23] Ralph william Pridmore. Complementary colors theory of color vision: physiology, color mixture, color constancy and color perception. Color Research & Application, 2011. 36 (06): 394-412.

[24] Ellis, L. , Ficek, C. Color preferences according to gender and sexual orientation, 2001. 1375-1379.

[25] Solli, M. , & Lenz, R. Color harmony for image indexing. IEEE International Conference on Computer Vision Workshops. IEEE, 2013.

[26] Robertson, & Alan, R. Color perception. Physics Today, 1992. 45 (12): 24-29.